最新版

计算机二级

WPS

通关秘籍

TONGGUAN MIJI

小黑老师 ✿ 主编

U0192258

长江出版传媒

湖北人民出版社

图书在版编目（CIP）数据

计算机二级 WPS 通关秘籍 / 小黑老师主编 . — 武汉 : 湖北人民出版社 , 2021.10（2022.4 重印）

ISBN 978-7-216-10286-5

Ⅰ . ①计… Ⅱ . ①小… Ⅲ . ①办公自动化 – 应用软件 – 水平考试 – 自学参考资料 Ⅳ . ① TP317.1

中国版本图书馆 CIP 数据核字 (2021) 第 188348 号

责任编辑：陈　兰
封面设计：董　昀
责任校对：范承勇
责任印制：王铁兵

计算机二级 WPS 通关秘籍
JISUANJI ERJI WPS TONGGUAN MIJI

出版发行:湖北人民出版社	**地址**:武汉市雄楚大道268号
印刷:武汉市籍缘印刷厂	**邮编**:430070
开本:880毫米×1230毫米　1/32	**印张**: 7
版次:2021年10月第1版	**印次**:2022年4月第2次印刷
字数:213千字	**定价**:50.00元
书号:ISBN 978-7-216-10286-5	

本社网址：http://www.hbpp.com.cn
本社旗舰店：http://hbrmcbs.tmall.com
读者服务部电话：027-87679657
投诉举报电话：027-87679757
（图书如出现印装质量问题，由本社负责调换 ）

前　言

（一）如何进行复习备考

很多同学在备考计算机二级 WPS 考试时，会直接刷题库，这是大家目前存在的最大误区，计算机二级 WPS 作为 2021 年 3 月新加入的二级考试科目，真题数量有限，增加新题的概率非常高，只刷真题远远不够。如果你连每个考点都没搞清楚，就直接进行题海战术，其实效率是非常低的，我给大家的复习建议是：先将每个知识点弄明白，并将我们拆解的典型真题案例做两遍，这样能让你快速建立知识框架，明白考试的重点和难点，之后再去做题就事半功倍了！

当然，我们在复习备考中一定要注意复习顺序，这个是由考试的题型和特点决定的，计算机二级 WPS 考试有两种题型，选择题占 20 分，操作题占 80 分，所以我给大家的复习建议是：按照先操作题后选择题的顺序进行。操作题部分是我们复习的重点，请一定要多动手操作，不能只看视频，操作题至少要用 30 天时间学习。选择题部分多数是记忆性内容，过早复习容易忘记，选择题一般在考前 15 天左右开始复习，将我给大家整理的精选题目看熟就可以，其他题目我会在考前直播中给大家讲解。

接下来我要给大家说一下操作题每一板块的学习方案，操作题一共分为三大板块，WPS 文字专题、WPS 表格专题和 WPS 演示专题，在考试中分值分别是 30 分、30 分、20 分，这一部分大家最低应拿到 55 分。

WPS 文字部分知识点非常琐碎，大家在学习的时候要注意整理知识大纲，以选项卡为单位进行学习和记忆，学习过程中可以自己整理一份考点思维导图，这样大家会记得更加牢固。WPS 文字专题我们最低的目标得分是 20 分。

WPS 表格部分分为两大板块：第一板块是基本操作，这部分比较简单,大家只要把操作步骤记住,多练习几遍就可以,这一部分大家争取拿到满分。第二板块是函数公式,很多同学都特别头疼甚至害怕学习函数公式,其实大可不必,函数公式学习的三要素是:函数名、功能、参数,函数部分一定要在理解的基础上加以记忆,多练习是关键,一般来说一个函数案例大家至少要做 5 遍。WPS 表格专题我们最低的目标得分是 20 分。

WPS 演示部分整体都很简单,大家依然以选项卡为单位进行学习和记忆,但动画和母版较为困难,大家复习时重点突破。WPS 演示专题我们最低的目标得分是 15 分。

操作题部分,我从真题中拆解出高频考点的典型案例,大家一定先把这些案例做 1～2 遍。

做完拆解典型案例后,就可以开始刷整套真题了,刷真题应注意:先看题目自己理思路,然后看视频记住操作步骤,最后自己动手练习,遇到不会的再去看视频,千万不能边看视频边做题。每做完一套真题都要做总结,主要总结本套题目的考点、难点和自己犯错的点。

扫码关注"小黑课堂计算机二级 WPS"
回复"WPS",获得书籍配套案例和学习交流群

(二)考试做题策略

做题时要注意,先整体浏览一下题目,看看是否抽到了自己没做过的题目,分析一下难度分布,一定将自己会做的题目先做完,会做的题目尽量拿到满分,注意合理分配时间,不要因为一个小题影响整体的答题速度,考试时最好每做完一问就保存一次,防止电脑突然崩溃导致已做的题目没有保存,遇到电脑问题第一时间找监考老师,不要擅自处理,交卷前一定注意检查一下考生文件夹。

目　　录

第1章　WPS 文字专题

01.字体考点　　　　　　　　难度系数★☆☆☆☆

字体考核方式主要分为两种：第一种是看图派，根据样图修改到尽量相似即可，只要修改即可得分；第二种是精确派，必须和题目要求保持一致。

001.常规考点

字体、字号、加粗、倾斜、下划线、删除线、上标、突出显示、字体颜色。

002.中英文混排

题目要求：将全文中文字体设置为宋体，西文字体设置为 Times New Roman。

【中英文字体设置操作步骤】

选中要设置字体的文字→打开【字体】组右下角对话框按钮→在【中文字体】和【西文字体】中选择对应的字体，如图 1-1 所示。

图 1-1　中英文混排

003.字下加线

题目要求:设置标题字体格式中设置"字下加线"。

【字下加线设置操作步骤】

选中要设置字体的文字→打开【字体】组右下角对话框按钮→在【下划线线型】中选择【字下加线】,如图 1-2 所示。

图 1-2　字下加线

004.文字效果

题目要求:将封面标题第三行文字应用艺术字预设样式为"渐变填充-钢蓝"。

【文字效果操作步骤】

选中第三行文字→【字体】组→点击【文字效果】→选择艺术字预设样式为【渐变填充-钢蓝】(光标移动到该文字效果时,右下角会出现该文字效果的说明文字),如图 1-3 所示。

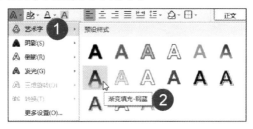

图 1-3　文本效果

005.字符间距

题目要求：设置"德国主要城市"的字符间距为加宽、6 磅。

【设置字符间距操作步骤】

选中"德国主要城市"→点击字体右下角对话框按钮→点击【字符间距】按钮→【间距】中选择【加宽】→输入【6 磅】，如图 1-4 所示。

图 1-4　字符间距

特别提醒：字符间距的单位可以更改，常用单位为磅、厘米。

006.字符位置

题目要求：设置百分号"％"字符位置下降 3 磅。

【设置字符位置操作步骤】

选中"％"→点击【字体】右下角对话框按钮→【字符间距】组→【位置】中选择【下降】→【值】修改单位为"磅"，输入 3，如图 1-5 所示。

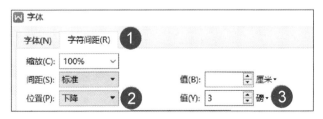

图 1-5　字符位置

007.文本填充

题目要求：将标题文本"房屋租赁合同"文本填充设置为向上的从"黑色，文本 1"到"黑色文本 1，浅色 50％"的线性渐变，并添加"紧密倒影，接触"类型的预设倒影。

【文本填充操作步骤】

选中标题→点击【文字效果】下拉箭头→选择【更多设置】→选择【渐变填充】→在渐变样式中选择【向上】→删除停止点 2 和 3→再分别选中停止点 1 和 4→修改【色标颜色】→点击【文字效果】下拉箭头→选择【倒影】→选择【紧密倒影，接触】，如图 1-6 所示。

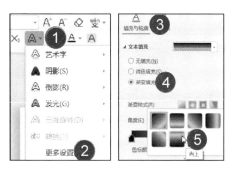

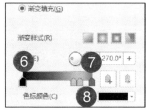

图 1-6　文本填充

02.段落考点　　　　　　　难度系数★★☆☆☆

001.基础考点

对齐方式、大纲级别、文本之前/后缩进、首行缩进、悬挂缩进、段落间距、行距、对齐网格线，如图 1-7 所示。

图 1-7　段落基础考点

　　缩进：包括文本之前缩进、文本之后缩进、首行缩进、悬挂缩进。单位有磅、英寸、厘米、毫米、字符，常用单位为磅、厘米、字符，如果单位不符合要求，点击下拉箭头更换即可。

　　段落间距：段前距/段后距，单位点击下拉箭头即可更换。

　　行距：常考的是固定值和多倍行距（例如：0.97 倍行距，选择多倍行距设置值输入 0.97）。

002.项目符号

　　考试常考预设的项目符号、自定义项目符号等。

【设置项目符号操作步骤】

　　选中需要添加项目符号的文本→【段落】组→点击【项目符号】下拉箭头→在预设项目符号中，选择题目要求的符号，如图 1-8 所示。

图 1-8　项目符号

【自定义项目符号操作步骤】

题目要求：为文档第 1 页中的红色文本，添加"自定义项目符号"📖。

选中需要添加项目符号的文本→【段落】组→点击【项目符号】下拉箭头→选择【自定义项目符号】→任选一款项目符号点击【自定义】→点击【字符】→字体选择【Wingdings】→找到📖，如图 1-9 所示。

图 1-9　自定义项目符号

003.编号

【添加编号操作步骤】

选中需要添加编号的文本→点击【编号】下拉箭头→选择题目要求的项目编号，如图 1-10 所示。

图 1-10　添加编号

【自定义编号格式操作步骤】

题目要求：为参考文献列表文字使用半角阿拉伯数字置于一对半角方括号"[]"中（如"[1]、[2]……"），编号位置设为顶格左对齐（对齐位置为 0 厘米）。

选中相应内容→点击【编号】下拉箭头→选择【自定义编号】→选择一种类似于题目要求的格式→点击【自定义】→在【编号格式】处修改格式→点击【高级】→设置【编号位置】为左对齐 0 厘米，如图 1-11 所示。

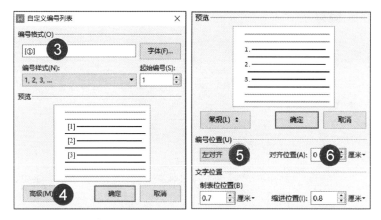

图 1-11　定义新编号格式

004.双行合一

题目要求:对文字"成绩报告 2015 年度"应用双行合一的排版格式,"2015 年度"显示在第 2 行。

【双行合一操作步骤】

选中文本"成绩报告 2015 年度"→在【段落】组→点击【中文版式】按钮→弹出的下拉列表中选择【双行合一】选项,如图 1-12 所示。

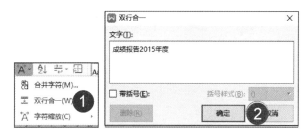

图 1-12　设置双行合一

005.字符缩放

题目要求:将版头"金鑫办公软件股份有限公司文件"字符缩放 50%,使整段为一行。

【字符缩放操作步骤】

选中文本"金鑫办公软件股份有限公司文件"→在【段落】组→点击【中文版式】按钮→下拉列表中选择【字符缩放】→设置【50％】,如图 1-13 所示。

图 1-13 字符缩放

006.段落排序

题目要求:将所有的城市名称标题(包含下方的介绍文字)按照笔划顺序升序排列。

【段落排序操作步骤】

【视图】选项卡→点击【大纲视图】→显示级别设置为【1 级】→选中1 级标题→段落【排序】→设置主要关键字为【段落数】→排序类型为【笔划】→选择升序,如图 1-14 所示。

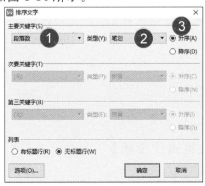

图 1-14 段落排序

007.插入制表位

题目要求:设置公式内容在 20 字符位置处居中对齐,公式编号在 40.5 字符位置处右对齐。

【插入制表位操作步骤】

选中公式→点击【段落】组中【制表位】按钮→在制表位位置文本框中输入第一个制表位的位置(以"字符"为单位)→输入后选择【对齐方式】→点击【设置】,再重复操作设置第二个制表位即可,如图 1-15 所示。

图 1-15 插入制表位

特别提醒:
1.先选中所有需要添加制表位的文本再设置。
2.设置完成之后在对应位置按【Tab】键应用制表位。

008.边框和底纹

题目要求:设置标题段落上、下边框为 1.5 磅粗黑实线,段落左右无边框,段落底纹颜色为"钢蓝,着色 1"。

【设置段落边框操作步骤】

选中标题→【段落】组→【边框】按钮→【边框和底纹】→选择边框线型→设置边框颜色→选择边框宽度→右侧的预览中单击所需边框的

上、下、左、右边框,如图 1-16 所示。

图 1-16　设置段落边框

边框选项:设置边框与正文间的距离:选中文字→【段落】组→选择【边框和底纹】→点击【选项】→设置上、下、左、右边距,如图 1-17 所示。

图 1-17　边框距正文距离

【设置段落底纹操作步骤】

选中要设置底纹的段落→打开【边框和底纹】→点击【底纹】→选择底纹颜色、样式,如图 1-18 所示。

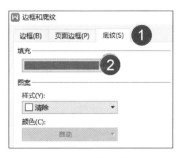

图 1-18　设置段落底纹

009.与下段同页

题目要求:设置图片始终自动与其题注所在段落位于同一页面中。

【与下段同页操作步骤】

选中图片→点击【段落】右下角对话框按钮→【换行和分页】→勾选【与下段同页】,如图 1-19 所示。

图 1-19　与下段同页

特别提醒:

1.如果标题要设置为自动另起一页,则勾选【段前分页】即可。

2.如果需要禁止标点溢出边界,则取消勾选【允许标点溢出边界】即可。

03.样式考点　　　　　　难度系数★★☆☆☆

样式是一组字体和段落格式的集合,样式考点包括新建样式和修改样式。

001.新建样式

题目要求:请新建名为"填写内容"的样式,样式类型为"字符",样式基于"默认段落字体",并设置其字体段落格式。

【新建样式操作步骤】

点击【样式】对话框→点击【新样式】→设置样式名称为"填写内容"→设置样式类型为【字符】→在左下角【格式】中设置字体段落边框等格式,如图 1-20 所示。

图 1-20　新建样式

002.修改样式

【修改样式操作步骤】

光标定位到需要修改的样式名称上→单击右键选择【修改样式】→根据题目要求修改对应的字体格式和段落格式,如图 1-21 所示。

图 1-21　修改样式

04.文字工具考点　　　　难度系数★☆☆☆☆

001.文字工具功能

文字工具组提供了非常多的快捷功能,例如:快速删除空格、段首空格、空白行、换行符,将换行符转回车等功能,可以快速提高做题速度,如图 1-22 所示。

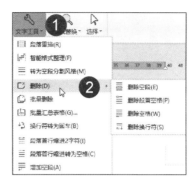

图 1-22　文字工具功能

特别提醒：

1.软回车指手动换行符,硬回车指段落标记。

2.软回车通过【Shift＋Enter】输入,表示换行不换段。

05.查找替换考点　　　　　难度系数★★☆☆☆

001.查找文档中所有匹配内容

题目要求:查找所有的"ABC 分类法"。

【查找操作步骤】

点击【查找】按钮→打开搜索框→输入"ABC 分类法",页面中会标记所有匹配的内容,如图 1-23 所示。

图 1-23　查找

002.批量删除索引

题目要求：删除文档中文本"供应链"的索引项标记。

【批量删除索引操作步骤】

打开替换对话框→光标定位在【查找内容】栏→输入"供应链"→点击【特殊格式】选择【域】→光标定位在【替换为】栏→输入"供应链"→点击【全部替换】，如图 1-24 所示。

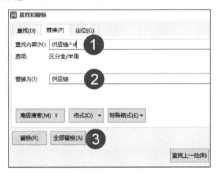

图 1-24　批量删除索引

003.替换样式

题目要求：将所有用"（一级标题）"标识的段落应用为"标题 1"的样式。

【替换样式操作步骤】

打开替换对话框→光标定位在【查找内容】栏→输入"（一级标题）"→光标定位在【替换为】栏→点击【格式】→选择【样式】→【标题 1】→点击【全部替换】，如图 1-25 所示。

图 1-25　批量替换样式

特别提醒：

1.(一级标题)建议从正文中复制，以便格式一致。

2.输入完查找内容之后，光标一定要记住定位在【替换为】再去选择样式。如果不慎忘记移动，点击格式选择【清除格式设置】。

004.通配符的使用

题目要求：将所有的"（一级标题）""（二级标题）""（三级标题）"全部删除。

【通配符的使用操作步骤】

打开替换对话框→光标定位在【查找内容】栏→输入"（？级标题）"→【替换为】栏不输入任何内容→点击【高级搜索】勾选【使用通配符】→点击【全部替换】，如图 1-26 所示。

图 1-26　通配符的使用

特别提醒：

1.在英文标点状态下输入？。

2.注意勾选【使用通配符】。

3.？代表任意单个字符（例如：一、二、三）。

4.＊代表任意多个字符（例如：十一、十二、十三）。

06.选择考点　　　　难度系数★★☆☆☆

001.选择基础知识

不连续选择:Ctrl;连续选择:Shift。

002.矩形选择文本

纵向选择部分文本,即选择某些列而不是所有列时,使用矩形选择。

【矩形选择文本操作步骤】

按住【Alt】键同时鼠标左键拖动选择所需的纵向区域,如图 1-27 所示。

图 1-27　矩形选择

003.选择窗格

显示文档中隐藏图片:光标定位到文档中指定位置→【开始】选项卡→【选择】下拉按钮→选择窗格→点击名称后的小眼睛将其显示,如图 1-28 所示。

图 1-28　显示隐藏图片

07.剪切板考点　　　　难度系数★★☆☆☆

001.粘贴文档内容

在执行粘贴操作时,根据需求可选保留源格式、匹配当前格式、只粘贴文本、选择性粘贴四种格式,如图 1-29 所示。

【粘贴操作步骤】

复制内容→点击【粘贴】下拉箭头→选择需要的格式,如图 1-29 所示。

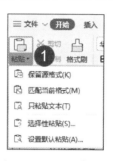

图 1-29　粘贴对话框

002.选择性粘贴

题目要求:将 WPS 表格中日程安排表的内容复制粘贴到 WPS 文字中,如果 WPS 表格内容发生改变,WPS 文字也要随之改变。

【选择性粘贴的操作步骤】

在 WPS 表格中复制该表格→在 WPS 文字中点击【粘贴】下拉菜单→点击【选择性粘贴】→【粘贴链接】→选择【WPS 表格对象】,如图 1-30 所示。

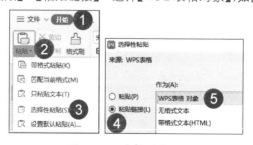

图 1-30　选择性粘贴

特别提醒：粘贴时 WPS 表格不能关闭。

08.封面考点　　　　　　　　难度系数★★☆☆☆

为文档添加一个封面，会使文档看起来更加规范合理。

001.WPS 文字自带的模板

WPS 文字中提供了很多内置的封面模板，如图 1-31 所示。

图 1-31　内置封面

002.自制封面

当在 WPS 文字中需要设计封面，可以通过插入文本框、图片等元素来设计符合需求的封面。

特别提醒：自制封面时注意设置文本框的环绕方式。

003.删除空白页

【删除空白页三种方法】

①光标定位在空白页直接按【Backspace】。

②光标定位在空白页的上一页末尾按【Delete】。

③选中空白页的段落标记，将字号和行距都设置为 1 磅，如图 1-32 所示。

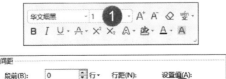

图 1-32　通过调整字号、行距删除空白页

09.插入图形考点　　　　　难度系数★★☆☆☆

001.常规考点

形状考点：插入形状、形状填充（颜色）、形状轮廓（颜色、虚实线、宽度）、大小。

图片考点：插入图片、图片效果、抠除背景、文字环绕、裁剪、对齐、大小。

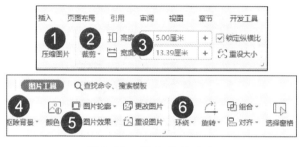

图 1-33　图片常规考点

特别提醒：插入图片之后，根据题目要求判断是否需将图片【环绕】设置为【浮于文字上方】。

002.设置图片阴影效果

题目要求：为图片添加"右下斜偏移"的阴影效果。

【图片阴影效果操作步骤】

选中要设置效果的图片→【图片工具】选项卡→点击【图片效果】→【阴影】效果选择【右下斜偏移】，如图 1-34 所示。

图 1-34　设置图片阴影效果

003.设置图片在页面中的位置

题目要求：将图片固定在页面上的特定位置，要求水平相对于页边距右对齐，垂直相对于页边距下对齐。

【设置图片在页面中的位置操作步骤】

选中要设置效果的图片→点击【其他布局选项】→水平对齐方式【右对齐】并相对于【页边距】→垂直对齐方式【下对齐】并相对于【页边距】，如图 1-35 所示。

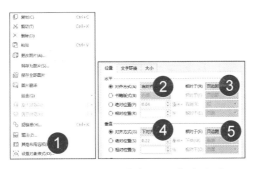

图 1-35　设置图片在页面中的位置

10.智能图形考点　　　　　难度系数★★☆☆☆

智能图形可以更好地体现层次关系，以更直观的方式交流信息。

001.基础考点

设置布局、颜色、智能图形样式，如图 1-36 所示。

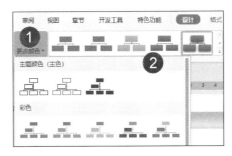

图 1-36　设置智能图形和样式

002.添加形状,添加助理

题目要求:给文本"总经理"添加"助理"。

【添加形状步骤】

选中上一级级别→点击【添加项目】按钮→选择【在下方添加项目】或【添加助理】,如图 1-37 所示。

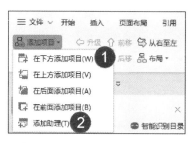

图 1-37 添加形状,添加助理

11.表格考点 　　　　　　　　难度系数★★★☆☆

001.表格常规考点

表格基本考点:添加边框和底纹、插入/删除行和列、单元格合并/拆分、自动调整、调整表格高度、宽度、对齐方式以及文字方向。

【表格基础操作步骤】

选中要调整的表格→【表格工具】选项卡→根据需要点击相应按钮即可调整表格,如图 1-38 所示。

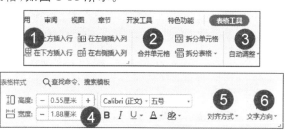

图 1-38 表格常规考点

002.自动调整

题目要求:设置表格先根据内容自动调整列宽,保证单元格内容不换行显示,再适应窗口大小,即表格左右恰好充满版心。

【自动调整操作步骤】

选中要设置的表格→【表格工具】→【自动调整】下拉菜单→选择【根据内容调整表格】→再选择【适应窗口大小】,如图 1-39 所示。

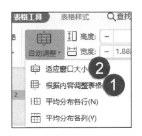

图 1-39　自动调整表格宽度

003.套用表格样式

题目要求:为表格应用一个恰当的表格样式。

【套用表格样式操作步骤】

选中要设置的表格→【表格样式】选项卡→表格样式组中设置相应样式,如图 1-40 所示。

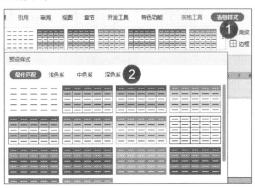

图 1-40　套用表格样式

004.表格属性

题目要求:设置表格的宽度为页面的80%。

【表格属性操作步骤】

选中整个表格→单击右键→【表格属性】→勾选【指定宽度】复选框→单位改成【百分比】→输入"80",如图1-41所示。

图 1-41　表格属性

005.文本转换成表格

当不同列的文本之间有空格、制表符、逗号等分隔符号时,就可以使用文本转换成表格功能将文本直接转化为表格。

题目要求:将蓝色文本(金山创始人求伯君……股份制商业银行)转换为表格(10行×4列)。

【文本转换成表格操作步骤】

选中要转换的文本→【插入】选项卡→点击表格下拉框→【文本转换成表格】→设置表格尺寸、文本分隔位置等格式,如图1-42所示。

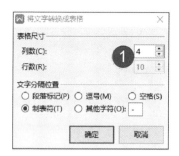

图 1-42　文本转换成表格

特别提醒：转换前打开【显示编辑标记】，查看分隔的符号是否一致，如果不一致，先更改为一致再转换。

006.设置表格内文字方向

题目要求：设置第三列文字方向按顺时针旋转 $90°$。

【设置表格内文字方向操作步骤】

光标定位在第三列→【表格工具】选项卡→点击【文字方向】→设置【所有文字顺时针旋转 $90°$】，如图 1-43 所示。

图 1-43　设置表格内文字方向

007.标题行重复

当表格内容较多时，进行分页后的表格就没有标题行，这对查看表格非常不方便。标题行重复功能就可以使表格第 1 行标题在跨页时能够自动重复。

【标题行重复操作步骤】

选择需要重复的标题行→【表格工具】选项卡→点击【标题行重复】按钮,如图 1-44 所示。

图 1-44   标题行重复

008.插入公式

在表格中进行简单的求和。

【插入公式操作步骤】

光标定位在要插入公式的地方→【表格工具】选项卡→【公式】→输入公式,如图 1-45 所示。

图 1-45   插入公式

009.排序

题目要求:将表格按"反馈单号"从小到大的顺序排序。

【排序操作步骤】

鼠标选中要排序的表格的全部内容→【表格工具】选项卡→点击【排序】按钮→选择主要关键字"反馈单号"→排序类型→【升序】(注意是否有标题行),如图 1-46 所示。

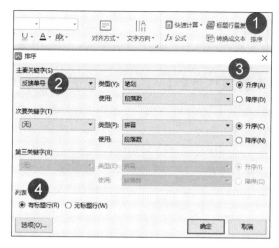

图 1-46　排序

12.图表考点　　　　　　难度系数★★★★☆

001.常规考点

柱形图、带数据标记的折线图、饼图、组合图表。

图表元素：坐标轴、轴标题、图表标题、数据标签、图例、网格线、趋势线，如图 1-47 所示。

图 1-47　图表元素

002.创建图表

通过创建多种不同类型的图表,可以表示不同的数据之间的关系。

【创建图表的操作步骤】

光标定位在要插入图表的空白行→【插入】选项卡→单击【图表】→选择合适的图表类型,如图 1-48 所示。

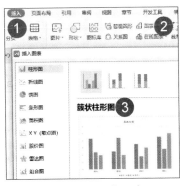

图 1-48　创建图表

003.添加图表标题

题目要求:为图表添加标题:微量元素含量(毫克)。

【添加图表标题操作步骤】

选中图表→【图表工具】选项卡→选择【添加元素】→点击【图表标题】→选择合适的标题位置(如"图表上方"),如图 1-49 所示。

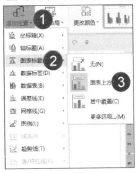

图 1-49　图表标题

004.添加图例

题目要求:将图例放置在图表底部。

【添加图例操作步骤】

选中图表→【图表工具】选项卡→选择【添加元素】→点击【图例】→
选择合适的图例位置(如"在底部显示图例"),如图 1-50 所示。

图 1-50　添加图例

005.设置坐标轴

坐标轴包括最大值、最小值、刻度值、对数刻度、主要刻度类型、坐
标轴标签等。

【更改坐标轴格式操作步骤】

选中坐标轴→单击右键【设置坐标轴格式】(或双击坐标轴)→【坐
标轴选项】手动更改【最大值】、【最小值】等,如图 1-51 所示。

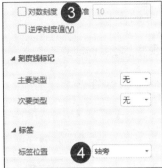

图 1-51 设置坐标轴选项

006.设置数据标签

数据标签能让饼图更加形象直观,除了默认的值以外,还可以设置系列名称、类别名称和百分比。

【添加数据标签操作步骤】

选中图表→【图表工具】选项卡→选择【添加元素】→选择【数据标签】→选择【更多选项】→在右侧的【标签选项】中设置相应的格式和位置,如图 1-52 所示。

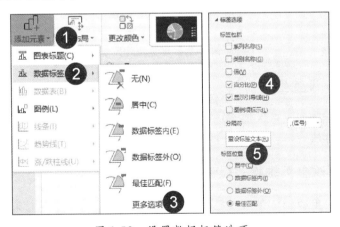

图 1-52 设置数据标签选项

007.插入复合条饼图

第二绘图区是"复合饼图"和"复合条饼图"特有的,数目可以自行调整。

【调整第二绘图区操作步骤】

选中图表→单击右键【设置数据系列格式】→在【第二绘图区中的值】输入值,如图 1-53 所示。

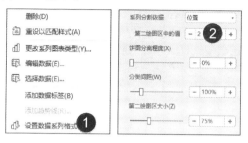

图 1-53 第二绘图区

008.插入组合图

若图表包括了两个或两个以上的数据系列,还可以为不同的数据系列设置不同类型的图表。

【组合图表操作步骤】

【插入】选项卡→点击【图表】按钮→选择【组合图】→系列 2 选择【带数据标记的折线图】→勾选【次坐标轴】,如图 1-54 所示。

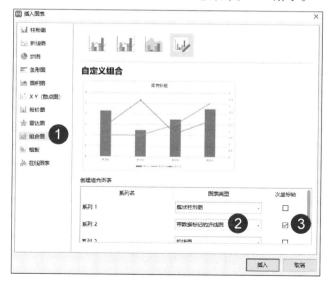

图 1-54 组合图

009.系列生成方向

横坐标和数据系列位置不对的时候就需要进行切换，点击【图表工具】→点击【选择数据】→修改【系列生成方向】，如图 1-55 所示。

图 1-55 系列生成方向

010.调整数据标记

对于带数据标记的折线图，还可以设置数据标记的样式、颜色等。

【修改数据标记操作步骤】

选中数据标记→鼠标右键→选择【设置数据系列格式】→点击【填充与线条】→【标记】→【数据标记选项】选择【内置】→选择【类型】→【填充】修改填充颜色→【线条】修改标记的宽度和颜色，如图 1-56 所示。

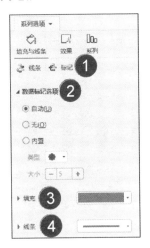

图 1-56 数据标记选项设置

011.设置图表间距

【设置图表间距操作步骤】

选中数据系列→鼠标右键→选择【设置数据系列格式】→【系列】选择【分类间距】→输入"0",即表示数据系列没有间距,如图 1-57 所示。

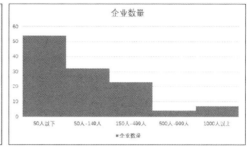

图 1-57　设置图表间距

012.设置对数刻度

题目要求:修改纵坐标轴数据,最小值为 0.125,最大值为 256,刻度的公比为 2,横坐标轴交叉值为 0.125。

【对数刻度操作步骤】

选中纵坐标轴→鼠标右键→选择【设置坐标轴格式】→设置【最小值、最大值】→设置【坐标轴值】为 0.125→设置对数刻度中的【基准】为 2,如图 1-58 所示。

图 1-58　对数刻度设置

13.水印考点　　　　难度系数★★☆☆☆

001.水印

水印分为图片水印和文字水印,水印在文档中可以直接打印。

图片水印:【插入】选项卡→点击【水印】下拉箭头→选择【插入水印】→勾选【图片水印】→选择图片→选择题目要求的图片→是否勾选冲蚀、设置版式,如图 1-59 所示。

文字水印:【插入】选项卡→点击【水印】下拉箭头→选择【插入水印】→勾选【文字水印】→对文字水印的内容、字体、字号、颜色、版式、透明度等进行设置,如图 1-59 所示。

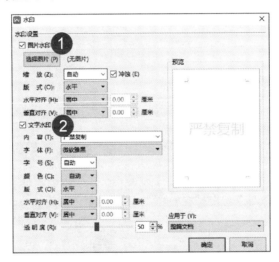

图 1-59　插入水印

特别提醒:

1.在页眉页脚编辑状态下,可选中水印进行调整。

2.如果只需在目录节中插入水印,将光标定位在目录节,应用于选择【本节】。

002.奇数页水印

题目要求:只对奇数页添加水印,偶数页不添加水印。

【奇数页水印操作步骤】

设置好水印以后→进入页眉页脚编辑状态→点击【页眉页脚选项】→勾选奇偶页不同→选中偶数页水印→直接删除。

14.文本框考点　　　　难度系数★★☆☆☆

001.常规考点

插入手动绘制的文本框、对齐方式、环绕文字。

002.形状轮廓

题目要求:设置文本框的形状轮廓为无。

【形状轮廓操作步骤】

选中文本框→点击【绘图工具】选项卡→【轮廓】点击【更多设置】→【轮廓】改成【无线条】,如图 1-60 所示。

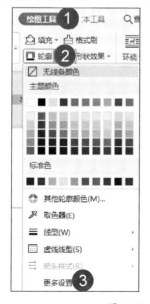

图 1-60　形状轮廓

003.文字边距

题目要求:设置文本框文字边距分别为左右各 1 厘米、上 0.5 厘米、下 0.2 厘米。

【调整文字间距操作步骤】

选中文本框→单击鼠标右键选择【设置对象格式】→【文本框】组输入文字边距,如图 1-61 所示。

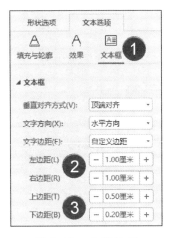

图 1-61　文字边距

004.文本框环绕方式

题目要求:设置文本框的环绕方式为四周型。

【文本框环绕方式操作步骤】

选中文本框→【绘图工具】选项卡→环绕设置为【四周型环绕】,如图 1-62 所示。

特别提醒:考试中还经常考查【上下型环绕】。

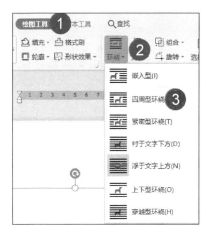

图 1-62　文本框环绕方式

15.插入文本考点　　　　　　难度系数★★★☆☆

001.首字下沉

下沉位置、字体、下沉行数、距正文距离。

【首字下沉操作步骤】

光标选中要下沉的文本→【插入】选项卡→点击【首字下沉】→选择【下沉】及【下沉行数】,如图 1-63 所示。

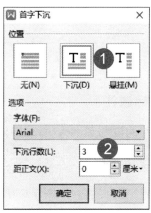

图 1-63　首字下沉

002.插入对象

题目要求:在标题段落"附件 1:国家重点支持的高新技术领域"的下方插入以图标方式显示的文档"附件 1 高新技术领域.docx",双击该图标应能打开相应的文档进行阅读。

【插入对象操作步骤】

光标定位在标题下方→【插入】选项卡→【插入对象】→【由文件创建】→点击浏览→选择目标文件→勾选【显示为图标】,如图 1-64 所示。

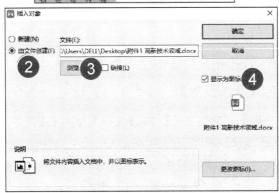

图 1-64　插入对象

003.修改对象图标题注

题目要求:修改图标的说明文字为"管理办法"。

【修改对象题注操作步骤】

点击【更改图标】→设置【标题】,如图 1-65 所示。

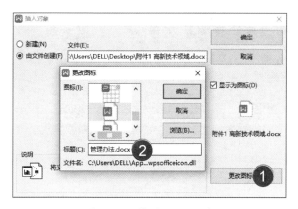

图 1-65　修改题注名称

004.插入日期和时间

题目要求:在文档中插入可以自动更新的日期时间。

【插入日期和时间操作步骤】

【插入】选项卡→【日期和时间】→【语言】选择"中文(中国)"→选择一种可用格式→勾选【自动更新】,如图 1-66 所示。

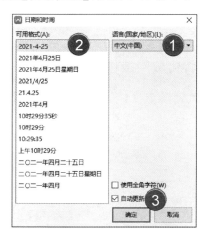

图 1-66　插入日期时间

005.插入符号

题目要求:在文档中插入"CJK 符号和标点"符号集中的六角括号〔〕。

【插入符号操作步骤】

【插入】选项卡→点击【符号】下拉箭头→选择【其他符号】→子集选择【CJK 符号和标点】,如图 1-67 所示。

图 1-67　插入符号

006.使用域功能转化数字

题目要求:请将文中第二条 2.3、第四条 4.5(5)两处提示大写的阿拉伯数字金额应用域功能自动转换为人民币汉字大写格式,形如"人民币(大写)壹万贰仟叁佰元整(￥12300 元)"。

【使用域功能转化数字操作步骤】

【插入】选项卡→点击【编号】→选择数字类型【壹元整,贰元整……】,如图 1-68 所示。

图 1-68　使用域功能转化数字

007.插入公式

考点：考试中如何快速输入公式。

【插入公式操作步骤】

插入公式时，先构建大框架，可以复制粘贴文本中的公式，再进行修改，如图 1-69 所示。

$$R = P_0 \cdot I \cdot \frac{(1+I)^{n \cdot 12 - 1}}{(1+I)^{n \cdot 12 - 1} - 1} + (P - P_0) \cdot I$$

图 1-69　插入公式

16.超链接考点　　　　　　难度系数★☆☆☆☆

001.基础考点

链接到文件、链接到本文档中的位置、链接到网站，如图 1-70 所示。

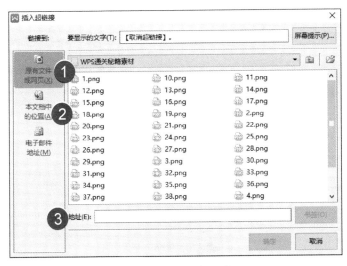

图 1-70　超链接常规考点

002.删除超链接

单击右键→选择【取消超链接】。

批量取消超链接:【Ctrl＋Shift＋F9】。

17.页眉页脚考点　　　难度系数★★★★☆

页眉页脚可以为页面提供丰富且有效的导航信息。在二级考试中页眉页脚是常考的点,需要重点掌握。

001.插入统一的页眉页脚

【插入统一页眉页脚操作步骤】

直接双击页面顶端/底端→进入页眉页脚编辑状态→插入【页眉】或【页脚】即可。

002.添加/删除页眉横线

题目要求:为文档应用"上粗下细双横线"样式的预设页眉横线。

【添加页眉横线操作步骤】

双击页眉进入页眉页脚编辑状态→点击【页眉横线】→选择【上粗下细双横线】,如图 1-71 所示。

图 1-71　自定义页眉下方横线

删除页眉横线：点击【页眉横线】设置为【无线型】即可。

003.添加自动的页眉

题目要求：正文章节页的页眉处设置"自动"获取对应章标题（例如：正文第 1 章的页眉字样应为"第 1 章　绪论"）。

【自动页眉操作步骤】

双击页眉进入页眉页脚编辑状态→点击【域】→点击【样式引用】→【样式名】处选择对应的样式（一般情况下选择"标题 1"），如图 1-72 所示。

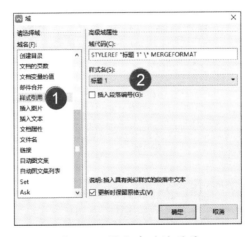

图 1-72　添加自动的页眉

特别提醒：需要插入章节号则再次插入域，勾选插入段落编号。

004.奇偶页不同

在书籍编排过程中，由于装订问题，在给文档设置页眉页脚时，通常奇数页和偶数页的对齐方式是不一样的。

特别提醒：勾选奇偶页不同后，偶数页内容会自动消失，在偶数页重新插入对应页眉页脚即可，如图 1-73 所示。

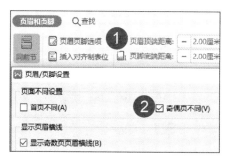

图 1-73　奇偶页不同

005.不同章节显示不同内容

此处页眉的核心操作思路：先分节，再取消同前节，最后再修改。

【设置不同页眉页脚操作步骤】

先将文档进行分节：【页面布局】选项卡→点击【分隔符】→【下一页分节符】

分节后光标定位在页眉页脚处→取消【同前节】→输入内容，如图1-74所示。

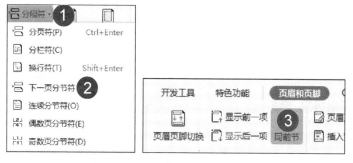

图 1-74　不同章节显示不同页眉

特别提醒：题目如果要求每一章都从奇数页开始，选择插入【奇数页分节符】。

006.页码

题目要求:在页脚插入显示为 $1,2,3\cdots\cdots$ 的页码。

【插入页码操作步骤】

双击页眉进入页眉页脚编辑状态→页脚处点击【插入页码】→修改样式【编号格式】→选择页码放置位置→设置好【应用范围】,如图 1-75 所示。

图 1-75　插入页码

题目要求:在双面打印的页脚外侧添加"第 1 页共×页"的预设页码,并设置起始页码为 1。

【页脚外侧插入页码操作步骤】

双击页眉进入页眉页脚编辑状态→页脚处点击【插入页码】→修改样式为【第 1 页共×页】→位置选择【双面打印 1】→并设置好【应用范围】→点击重新编号,在 1 后输入回车,如图 1-76 所示。

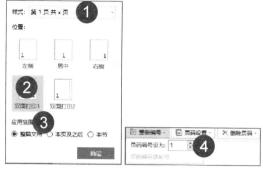

图 1-76　页脚外侧插入页码

007.综合版页眉页脚解题步骤

在二级考试中,经常遇到奇偶页不同、首页不同、分节等综合考察。这里给大家列举这一类型的题目的解题步骤。

【综合版页眉页脚解题步骤】

①先考虑是否要【分节】。

②考虑是否要勾选【首页不同】、【奇偶页不同】(注意:首页不同勾选后只针对当前节,而奇偶页不同勾选后针对整篇文档)。

③考虑是否要取消【同前节】。

④设置页眉、设置页码样式、页码位置、页码应用范围。

18.页面布局选项卡考点　　　难度系数★☆☆☆☆

001.主题

【主题操作步骤】

【页面布局】选项卡→【主题】下拉按钮→选择合适的主题,如图1-77所示。

002.页面设置基础考点

书刊的天头、地脚、前口、订口分别是:

1.天头(上边距):指书页上端的空白处。

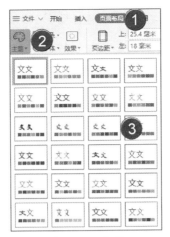

图 1-77　主题

2.地脚(下边距):指书刊中最下面一行字脚到书刊下面纸边之间的部分。

3.前口(内边距):指书刊的翻阅口,即订口的相对面。

4.订口(外边距):指书刊需要订联的一边、靠近书籍装订处的空白叫订口。

纸张宽度=内边距+外边距+版心宽度

纸张高度=上边距+下边距+版心高度,如图 1-78 所示。

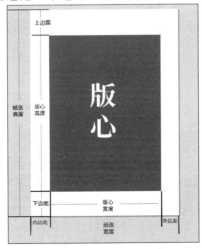

图 1-78　书籍专业名称介绍

页边距考点：上下左右边距、装订线宽、装订线位置、纸张方向，如图 1-79 所示。

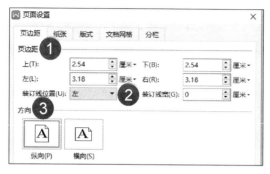

图 1-79　页边距基础考点

纸张大小考点：指定纸张大小、自定义纸张大小。

特别提醒：若纸张大小中没有 B5，点击打印切换打印机。

文档网格考点：文档网格，每页行数，如图 1-80 所示。

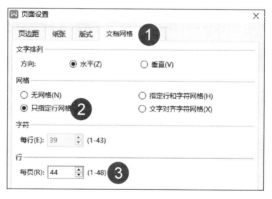

图 1-80　文档网格考点

003.设置页边距

题目要求：页面设置对称页边距，内侧边距 2.5 厘米、外侧边距 2 厘米。

【设置对称页边距操作步骤】

【页面布局】选项卡→点击【页面设置】右下角对话框按钮→【多

页】→【对称页边距】→设置对应内外侧边距，如图 1-81 所示。

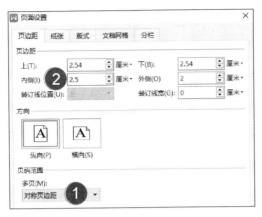

图 1-81　设置对称页边距

特别提醒：先设置对称页边距，再设置内外边距。

004.页眉页脚距边界

题目要求：设置页眉页脚距边界均为 1.0 厘米。

【页眉页脚距边界操作步骤】

【页面布局】选项卡→点击【页面设置】右下角按钮→【版式】组→设置【页眉和页脚距边界】，如图 1-82 所示。

图 1-82　页眉页脚距边界

005.分栏常规考点

栏数、分隔线、宽度、间距。如图 1-83 所示。

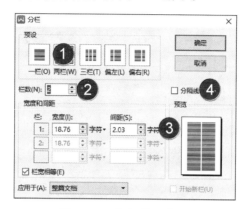

图 1-83　分栏常规考点

特别提醒：如要求正文内容分两栏显示，文中图表仍需跨栏居中时，先将全文分为两栏，再选中图表将其分为一栏。

006.分栏符

题目要求：设置页面为两栏，要求左右两栏内容不跨栏、不跨页。

【分栏符操作步骤】

在需要分栏位置的开始和结尾处插入分栏符→【页面布局】选项卡→【分隔符】→【分栏符】→再设置页面为两栏，如图 1-84 所示。

图 1-84　分栏符

007.最后一页内容平均分栏

题目要求：将"附录 1"中的全部内容分为等宽的两栏。

【操作步骤】

选择分栏内容时，不选最后一个段落标记，设置为【两栏】。

008.分隔符考核知识点

分隔符最常见的是结合页眉页脚一起考核。

分页符、分栏符、下一页分节符、奇数页分节符、偶数页分节符，如图 1-85 所示。

图 1-85　插入分隔符

009.设置不同纸张方向

题目要求：将表格所在页面的纸张方向设为横向，其他页面仍保持纵向。

【设置不同纸张方向操作步骤】

在表格所在页的开始和结尾处插入分节符：【页面布局】选项卡→【分隔符】→【下一页分节符】，如图 1-86 所示。

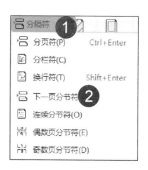

图 1-86　设置不同的纸张方向

调整纸张方向：【页面布局】选项卡→纸张方向→横向。

010.页面背景，打印背景色

题目要求：为文档添加恰当的页面背景颜色，并设置打印时可以显示。

【添加页面背景操作步骤】

【页面布局】选项卡→【背景】下拉按钮→选择一种合适的主题颜色，如图 1-87 所示。

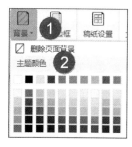

图 1-87　页面背景

【打印背景色操作步骤】

点击【文件】按钮→点击【选项】→【打印】组→勾选【打印背景色和图像】，如图 1-88 所示。

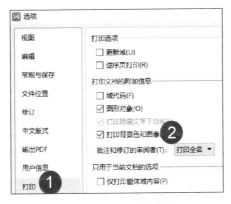

图 1-88　打印背景色

011.图片填充页面

题目要求:将考生文件夹下的图片"背景图片.jpg"设置为邀请函背景。

【图片填充页面操作步骤】

【页面布局】选项卡→【背景】下拉按钮→选择【图片背景】→点击
【图片】→【选择图片】→找到图片所在的位置→【选中图片】→【插入】,
如图 1-89 所示。

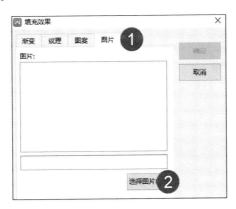

图 1-89　图片填充页面

012.页面边框

题目要求:给文档设置"方框"型页面边框。

【设置页面边框操作步骤】

【页面布局】选项卡→【页面边框】→选择【方框】,如图 1-90 所示。

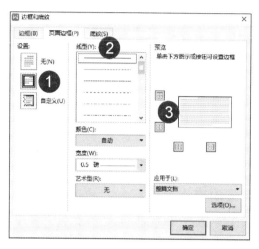

图 1-90　页面边框

19.目录考点　　　　　　　　难度系数★★★☆☆

001.自动目录

题目要求:在书稿的最前面插入目录,要求包含标题第 1－3 级及对应页号。

【自动目录操作步骤】

光标定位在要插入目录的位置→【引用】选项卡→目录下拉箭头→选择【自动目录】,如图 1-91 所示。

特别提醒:目录来自于大纲级别,需先设置大纲级别才能插入目录。

图 1-91　自动目录

002.修改目录级别

题目要求:在文档的开始位置插入只显示 2 级和 3 级标题的目录。

【修改目录级别操作步骤】

将光标定位在需要插入目录的位置→【引用】→【目录】→【自定义目录】→点击【选项】→删除不需要的样式级别后的数字,如图 1-92 所示。

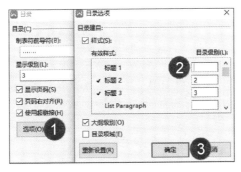

图 1-92　修改目录级别

003.修改目录格式

题目要求：将目录中"制表符前导符"设置为实线。

【更新目录操作步骤】

【引用】选项卡→目录下拉箭头→选择【自定义目录】→点击【制表符前导符】设置为实线，如图 1-93 所示。

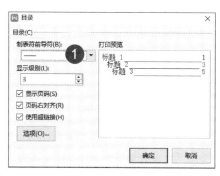

图 1-93　修改目录格式

004.修改目录样式

题目要求：将目录中的 1 级标题段落设置为黑体小四号字。

【修改目录样式操作步骤】

光标定位在目录的 1 级标题上→在【样式】组中【目录 1】处→单击右键选择【修改样式】→设置对应字体格式，如图 1-94 所示。

图 1-94　修改目录样式

005.更新目录

【更新目录操作步骤】

光标放在目录处→点击【更新目录】→选择【更新整个目录】，如

图 1-95 所示。

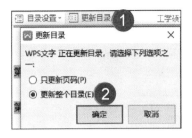

图 1-95　更新目录

006.取消目录超链接

题目要求：目录不使用超链接。

【取消目录超链接操作步骤】

【引用】选项卡→目录下拉箭头→选择【自定义目录】→取消勾选【使用超链接】，如图 1-96 所示。

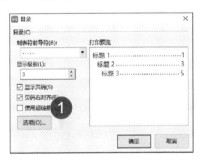

图 1-96　取消目录超链接

20.脚注尾注考点　　　　难度系数★★★☆☆

001.插入脚注

题目要求：在关键词之后插入脚注，脚注内容为文档中红色字体的文本。

【插入脚注操作步骤】

将光标定位到要插入脚注的内容右侧→【引用】选项卡→【脚注】组→【插入脚注】→光标会自动定位到页面底部→输入说明性文字，如图 1-97 所示。

图 1-97　插入脚注

002.设置尾注编号格式

例如：设置尾注的"编号格式"为大写罗马数字"Ⅰ,Ⅱ,Ⅲ,…"。

【设置尾注编号格式操作步骤】

选中文字→【引用】选项卡→打开【脚注】组右下角对话框→选择【尾注】→编号格式选择大写罗马数字→点击【应用】，如图 1-98 所示。

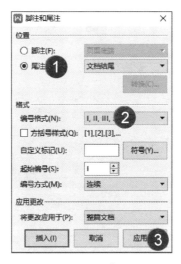

图 1-98　设置脚注编号

特别提醒:脚注位置有文字下方、页面底端,尾注位置有节的结尾、文档结尾,做题时要注意题目要求,将脚注尾注放置在正确位置。

003.脚注转换成尾注

【脚注转换成尾注操作步骤】

【引用】选项卡→打开【脚注】组右下角对话框→【转换】→选择【脚注全部转换成尾注】,如图 1-99 所示。

图 1-99　脚注转换成尾注

21.多级编号　　　　　　　　难度系数★★★☆☆

001.创建多级编号

题目要求:为章标题添加"第 1 章,第 2 章,…,第 n 章"的标题编号,节标题添加"1.1,1.2,…,n.1,n.2",条标题添加"1.1.1,1.1.2,…,n.1.1,n.1.2"。

【添加多级编号操作步骤】

【段落】组→点击【编号】下拉箭头→选择【自定义编号】→点击【多级编号】组→选择带有标题 1、2、3 的格式类型,如图 1-100 所示。

图 1-100　添加编号

【修改多级编号格式操作步骤】

先完成上述添加多级编号的操作→点击【自定义】→修改每个级别的编号格式,如图 1-101 所示。

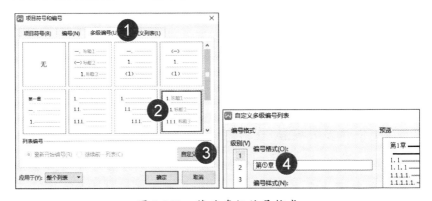

图 1-101　修改多级编号格式

题目要求:在各级编号后以空格代替制表符与标题文本隔开。

【设置编号之后的符号操作步骤】

完成上述添加和修改多级编号的操作→点击【编号之后】右侧下拉箭头→选择【空格】,如图 1-102 所示。

图 1-102　设置编号之后的符号

22.题注考点　　　　　　难度系数★★★☆☆

001.插入题注

题目要求:请使用题注功能对第 4 章中的 3 张图片分别应用按章连续自动编号,以代替原先的手动编号。

【插入题注操作步骤】

光标定位在需要插入题注的位置→【引用】选项卡→【插入题注】→【标签】选择【图】,如图 1-103 所示。用同样的方法对文档后面每张图片添加题注。

图 1-103　插入题注

002.题注包含章节编号

在书籍的排版中,图片和表格的题注编号通常由两部分组成,题注中的第一个数字代表图片或表格所在文档的章节号,题注的第二个数字表示图片或表格在当前章节的序号。

题目要求:图片编号应形如"图 4-1"等,其中连字符"-"前面的数字代表章节号,"-"后面的数字代表图片在本章中出现的次序。

【题注包含章节编号操作步骤】

将光标定位在添加题注的位置→【引用】选项卡→插入题注→【编号】→勾选【包含章节编号】,如图 1-104 所示。

图 1-104　题注包含章节号

特别提醒:需先设置好多级编号,题注包含标题才能实现。

003.交叉引用

题目要求:将论文第 1 章正文中的所有引注与对应的参考文献列表编号建立交叉引用关系,以代替原先的手动标识(保持字样不变)。

【交叉引用操作步骤】

光标定位在文档中需要交叉引用的位置→【引用】选项卡→【交叉引用】→引用类型选择【编号项】→引用内容选择【段落编号】→选择具体引用的对象→点击【插入】,如图 1-105 所示。

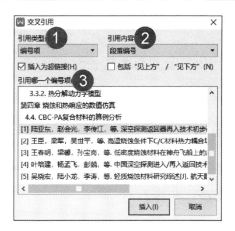

图 1-105　交叉引用

004.插入图目录

题目要求：在"图目录"文字后插入图目录，替换"请在此插入图目录"的文字。

【插入表目录操作步骤】

将光标定位在要放置图表目录的位置→【引用】选项卡→点击【插入表目录】按钮→选择【图】→点击【确定】按钮，如图 1-106 所示。

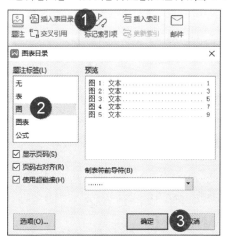

图 1-106　插入表目录

23.索引考点　　　　　　　难度系数★★★☆☆

索引就是将书中所有重要的词汇按照字母的顺序排列的列表,并且列出每个词在书中对应的页码,为读者在书中快速找到某个词提供方便。

001.标记索引项

题目要求:将所有的文本"ABC 分类法"都标记为索引项。

【标记索引项操作步骤】

【引用】选项卡→【标记索引项】→【主索引项】输入"ABC 分类法"→【标记全部】,如图 1-107 所示。

图 1-107　标记索引项

002.插入索引

题目要求:如在"人名索引"下方插入索引,栏数为 2,排序依据为拼音,索引项来自于文档"人名.docx"。

【插入索引操作步骤】

将光标定位在要插入索引的位置→【引用】选项卡→【插入索引】→

设置自动标记→找到索引项来源文件→打开，如图 1-108 所示。

图 1-108　插入索引

【修改索引格式操作步骤】

再次点击【插入索引】→设置格式→设置栏数→设置【排序依据】→确定，如图 1-109 所示。

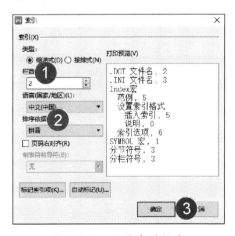

图 1-109　设置索引格式

003.更新索引

【更新索引操作步骤】

将光标定位在索引处→【引用】选项卡→【更新索引】。

特别提醒：更新索引时一定要将光标定位在索引处，否则"更新索引"命令为灰色。

24.审阅选项卡考点 　　　难度系数★★☆☆☆

001.中文简繁转变

基本考点：中文简转繁、繁转简。

002.添加批注

批注是作者和审阅人的沟通渠道，审阅人在修改他人文档时，通过插入批注，可以将自己的建议插入文档中，以供作者参考。

【添加批注操作步骤】

选中需要添加批注的文本→【审阅】选项卡→点击【插入批注】，如图 1-110 所示。

图 1-110　添加批注

003.删除批注

【删除批注操作步骤】

选中文本中的批注→【审阅】选项卡→点击删除下拉框→选择【删除批注】（如果需要删除所有批注，点击删除文档中所有批注），如图 1-111 所示。

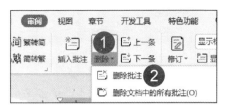

图 1-111　删除批注

004.接受或者拒绝修订

题目要求:接受审阅人文晓雨对文档的所有修订,拒绝审阅人李东阳对文档的所有修订。

【接受或者拒绝修订的操作步骤】

【审阅】选项卡→【审阅人】勾选文晓雨→点开接受的下拉框→选择【接受所有显示的修订】→显示标记→【审阅人】勾选李东阳→点开拒绝的下拉框→选择【拒绝对文档所做的所有修订】,如图 1-112 所示。

图 1-112　修订

005.限制编辑

题目要求:为表格所在的页面添加编辑限制保护,不允许随意对该页内容进行编辑修改,并设置保护密码为空。

【限制编辑操作步骤】

【审阅】选项卡→【限制编辑】→勾选【限制对选定的样式设置格式】→勾选【设置文档的保护方式】→填写窗体→选择节 3→点【启动保护】→设置密码为空,如图 1-113 所示。

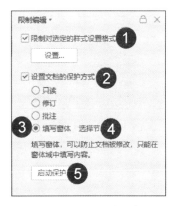

图 1-113　限制编辑

25.高级属性考点　　　　　　　难度系数★★☆☆☆

001.摘要属性

题目要求：设置文档属性的摘要信息，标题为"金山文档教育版宣传册"，作者为"KSO"。

【摘要属性操作步骤】

点击【文件】→选择【文档加密】→点击【属性】→选择【摘要】→输入标题和作者，如图 1-114 所示。

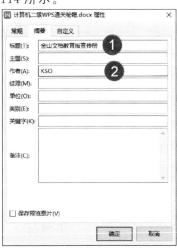

图 1-114　摘要属性

002.高级属性

题目要求：为文档添加自定义属性，名称为"类别"，类型为文本，取值为"科普"。

【高级属性操作步骤】

点击【文件】→选择【文档加密】→选择【属性】，如图 1-115 所示。

图 1-115　高级属性

点击【自定义】→名称输入"类别"→类型选择【文本】→取值输入"科普"→点击【添加】，如图 1-116 所示。

图 1-116　高级属性

26.特色功能考点　　　　　难度系数★★☆☆☆

001.输出 PDF

题目要求:使用"输出为 PDF"功能,在源文件目录下将其输出为带权限设置的 PDF 格式文件,权限设置为"禁止更改"和"禁止复制",权限密码设置为三位数字"123"。

【特色功能操作步骤】

点击【特色功能】选项卡→选择【输出为 PDF】→点击【高级设置】→勾选【权限设置】设置【密码】为"123"→取消勾选【允许修改】和【允许复制】,如图 1-117 所示。

图 1-117　特色功能

第2章 WPS 表格专题(基础操作篇)

01.工作表基本操作考点　　　　难度系数★☆☆☆☆

001.工作表的常规考点

插入工作表、删除工作表、重命名工作表、设置工作表标签颜色、隐藏工作表、取消隐藏工作表。

【工作表的基本设置操作步骤】

光标定位在工作表名称处→单击右键→按照题目要求进行设置，如图 2-1 所示。

图 2-1　工作表的常规考点

002.移动或复制工作表

【移动工作表操作步骤】

选择需要移动位置的工作表→按住鼠标左键不放→拖动工作表到

要放置的位置(小黑箭头即为工作表放置位置)→松开鼠标即可移动成功,如图 2-2 所示。

图 2-2　移动工作表

【复制工作表操作步骤】

左键选中需要复制的工作表→按住【Ctrl】键的同时拖动鼠标指针到指定位置→释放鼠标→即可在指定位置得到一个相同的工作表,如图 2-3 所示。

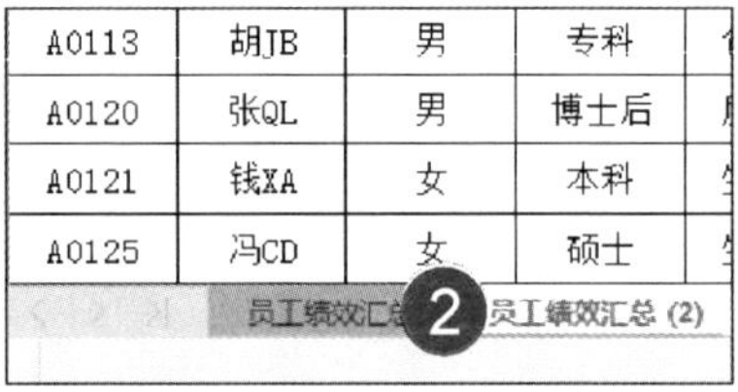

图 2-3　复制工作表

003.从其他工作簿复制工作表

如果需要在不同的工作簿中移动或复制工作表,则需要通过单击右键实现。

【从其他工作簿复制工作表操作步骤】

选择需要移动或复制的工作表标签→单击右键→选择【移动或复制工作表】→工作簿下拉框中选择需要移动到的工作簿→【下列选定工作表之前】下框中选择放在哪个工作表之前(如果是复制工作表就勾选【建立副本】按钮,如果是移动则无需勾选),如图 2-4 所示。

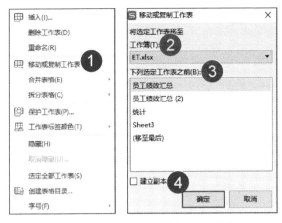

图 2-4　从其他工作簿复制工作表

特别提醒：在使用此功能时，需将两个工作簿文件同时打开，否则无法完成跨工作簿移动或复制。

02.表格的基本设置考点　　　　难度系数★☆☆☆☆

001.插入行列

【插入行列，删除行列操作步骤】

光标定位在要插入行列的位置，或者选中要删除的行列→单击鼠标右键→插入或删除，如图 2-5 所示。

图 2-5　插入和删除行列

002.调整行高列宽

【自动调整行高列宽操作步骤】

选中所有要调整的行或列→光标定位行或列中间→呈双向箭头时双击鼠标左键,如图 2-6 所示。

E	F	G
部门	入职日期	工龄
质量部	2013/2/19	
质量部	2010/2/5	
客户服务部	2013/1/2	

图 2-6　自动调整列宽

特别提醒:如果单元格出现＃＃＃＃＃,则说明列宽不够。

【精确调整操作步骤】

题目要求:按要求调整工号(4)列的宽度,"工号(4)"表示部门这列要设置成 4 个汉字的宽度。

选择需要调整的行或列→【开始】选项卡→点击【行和列】下拉箭头→点击【列宽】→列宽输入【8】字符,如图 2-7 所示。

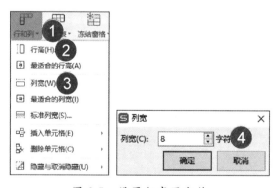

图 2-7　设置行高固定值

特别提醒:一个汉字代表两个字符,所以四个汉字代表八个字符。

003.移动行列

【移动行列操作步骤】

选中要移动的列→光标移动到列与列的边框线上→鼠标呈四向箭头的状态时→按住【Shift】键不放→同时按住鼠标左键拖动→当移动到正确位置时松手，如图 2-8 所示。

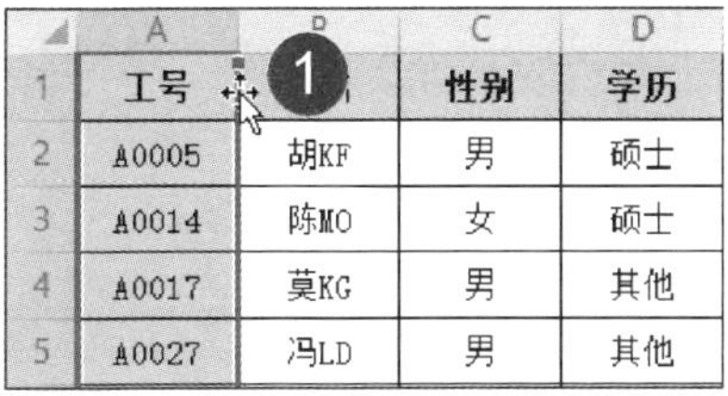

	A	B	C	D
1	工号		性别	学历
2	A0005	胡KF	男	硕士
3	A0014	陈MO	女	硕士
4	A0017	莫KG	男	其他
5	A0027	冯LD	男	其他

图 2-8　移动行列

004.隐藏行列

当工作表只有一部分有数据时，有时题目要求将数据区域以外的行列隐藏。

【隐藏行列操作步骤】

选中需要隐藏的行列→单击右键→【隐藏】，如图 2-9 所示。

图 2-9　隐藏行列

005.自动换行

题目要求:设置 F 列根据单元格宽度自动换行。

【自动换行操作步骤】

选中 F 列→点击【自动换行】按钮,如图 2-10 所示。

图 2-10　自动换行

特别提醒:手动换行是把光标定位在要换行的位置,按【Alt+Enter】。

006.合并居中

题目要求:设置"品牌"所在单元格"合并且居中排列"。

【合并居中操作步骤】

选中需要合并的单元→点击【合并居中】按钮,如图 2-11 所示。

图 2-11　合并居中

007.跨列居中

题目要求:在"销售记录"工作表的 A1 单元格中输入文字"2012 年销售数据",并使其显示在 A1:F1 单元格区域的正中间(注意:不要合并上述单元格区域)。

【跨列居中操作步骤】

在 A1 单元格输入相关文字→选中 A1:F1→点击【合并居中】下拉箭头→选择【跨列居中】,如图 2-12 所示。

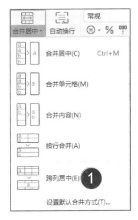

图 2-12　跨列居中

03.设置单元格格式考点　　　难度系数★★★☆☆

001.字体基础考点

基本考点:字体、字号、颜色、边框底纹、合并单元格。

002.设置单元格格式常规考点

单元格格式设置的常规考点,主要包括以下 7 种:常规、数值、货币、会计专用、百分比、科学记数、特殊。

题目要求:设置单元格格式为数值,小数位数为两位,使用千位分隔符。

【单元格格式操作步骤】

选中要设置的区域→单击右键【设置单元格格式】→选择【数值】→小数位数为 2 位→勾选【使用千位分隔符】,如图 2-13 所示。

图 2-13　设置单元格格式

003.设置单元格格式为文本

【单元格格式操作步骤】

选中要设置的区域→单击右键【设置单元格格式】→选择【文本】→
再输入 001,002…即可,如图 2-14 所示。

图 2-14　设置单元格格式为文本

特别提醒:

1.输入类似身份证号、0001 这种类型的信息时,需将单元格格式设
置为文本。

2.一定要先设置单元格格式为文本,再输入内容。

004.调整日期格式

题目要求:将"入职日期"中的日期(F2:F201),统一调整成形如
"2020-10-01"的数字格式。注意:年月日的分隔符号为短横线"-",且
"月"和"日"都显示为 2 位数字。

【调整日期格式操作步骤】

选中 F2:F201→单击右键【设置单元格格式】→选择【自定义】→类
型更改为"yyyy-mm-dd",如图 2-15 所示。

图 2-15　调整日期格式

005.以数值形式显示为 0001

题目要求：令"序号"列中的序号以"0001"式的格式显示，但仍需保持可参与计算的数值格式。

【以数值形式显示为 0001 操作步骤】

选中要设置的区域→单击右键【设置单元格格式】→选择【自定义】→在类型处输入"0000"，如图 2-16 所示。

图 2-16　自定义数值显示方式

006.日期后加星期

题目要求：日期为"2010 年 2 月 5 日"的单元格应显示为"2010 年 2 月 5 日星期五"。

【日期后加星期操作步骤】

选中所有日期的单元格→单击右键设置单元格格式→选择【自定义】→类型改为 yyyy"年"m"月"d"日"aaaa，如图 2-17 所示。

图 2-17 日期后加星期

007.自定义=0 和＞0 单元格格式

题目要求：要求设置 G 列单元格格式，折扣为 0 的单元格显示"—"，折扣大于 0 的单元格以％形式显示（如 15％）。

【不同情况显示不同内容操作步骤】

选中所有需要设置格式的单元格→单击右键【设置单元格格式】→选择【自定义】→类型输入"[＝0]—；[＞0]≠%"，如图 2-18 所示。

图 2-18 自定义数值格式

特别提醒:分号(;)需要在英文状态下输入。

008.数值缩小 1000 倍

【缩小 1000 倍操作步骤】

选中所有需要设置格式的单元格→单击右键【设置单元格格式】→选择【自定义】→类型输入"0.00,",如图 2-19 所示。

图 2-19　数值缩小 1000 倍

04.条件格式考点　　　　　　难度系数★★★☆☆

条件格式是为符合特定条件的加上格式,比如设置特定的字体颜色、填充色等。

001.常规考点

突出显示单元格规则:大于、小于、等于、介于、重复值、其他规则,如图 2-20 所示。

图 2-20　突出显示单元格规则

特别提醒：当需要设置【大于等于】条件时，就需要使用【其他规则】。

项目选取规则：值最大的 10 项、值最小的 10 项。

特别提醒：10 可以修改为任意数字。

002.数据条

单元格中数值的大小可以用数据条的长短表示，这样可以使表格的展现形式更加丰富。

【仅显示数据条操作步骤】

选中数据区域→点击【条件格式】下拉箭头→点击【数据条】→选择【其他规则】→勾选【仅显示数据条】，如图 2-21 所示。

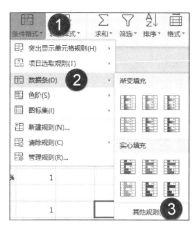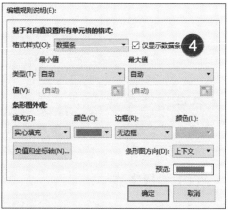

图 2-21　数据条考点

003.使用公式建立规则

题目要求：设置在单元格非空时才会自动以某一浅色填充偶数行，且自动添加上下边框线。

【为非空偶数行添加条件格式操作步骤】

选中数据区域→点击【条件格式】下拉箭头选择【新建规则】→公式栏输入＝AND(A1<>"",MOD(ROW(A1),2)=0)→点击【格式】按钮设置对应格式，如图 2-22 所示。

图 2-22　为非空偶数行添加条件格式

其他公式建立规则：

要求	函数
为周六周日添加条件格式	＝WEEKDAY($B4,2)>5
为错误文本长度添加条件格式	＝LEN(B4)<>12
为时间间隔大于 10 天添加条件格式	＝$D2−$C2>10
为消费额最低的 15 位顾客添加条件格式	＝RANK($F2,$F:$F,1)<16

004.图标集

题目要求：将总分按"四等级"图标集进行标示，并按批注内容中的阈值条件来编辑条件格式的规则。

【图标集操作步骤】

选中总分数据区域→点击【条件格式】下拉箭头选择【图标集】→等级中选择【四等级】→点击【条件格式】下拉箭头选择【管理规则】→选中

对应规则点击【编辑规则】→修改对应数值,如图 2-23 所示。

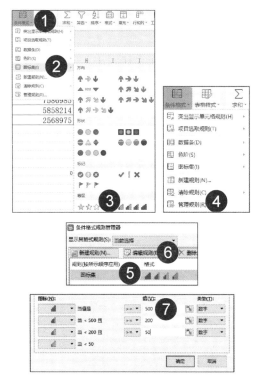

图 2-23　图标集

05.表格样式考点　　　　　　　难度系数★☆☆☆☆

001.套用表格样式考点

题目要求:为所有工作表应用"表样式浅色 1"的表格样式,且"转换成表格,并套用表格样式"。

【套用表格样式操作步骤】

光标定位在数据区域内→点击【表格样式】下拉箭头→选择【表样式浅色 1】,如图 2-24 所示。

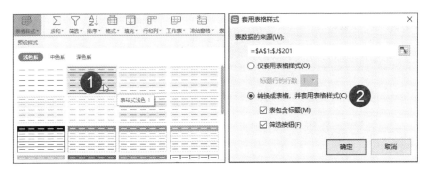

图 2-24　套用表格样式

特别提醒：如果只需套用表格样式，则选择【仅套用表格样式】。

002.表格样式常规考点

常规考点：修改表名称、镶边行、镶边列、汇总行，如图 2-25 所示。

图 2-25　表格样式常规考点

003.转换为区域

当套用表格样式后，会影响 WPS 表格某些功能的使用，特别是分类汇总功能。为了不影响使用，这时候需要将表格转换为区域。

【转换为区域操作步骤】

光标定位在数据区域内→【表格工具】点击→【转换为区域】，如图 2-26 所示。

图 2-26　转换为区域

06.排序考点 　　　　　　　 难度系数★★☆☆☆

001.常规考点

排序关键字、排序依据、排序次序。

002.复杂多条件排序

题目要求:订单编号数值标记为紫色(标准色)字体,然后将其排列在销售订单列表区域的顶端,将"销售订单"工作表的"订单编号"列按照数值升序方式排序。

【多条件排序操作步骤】

在排序对话框点击添加条件,增加【次要关键字】。

【主要关键词】设置为订单编号→【排序依据】选择字体颜色→【次序】选择紫色;

【次要关键词】设置为订单编号→【排序依据】选择数值→【次序】选择升序,如图 2-27 所示。

图 2-27　多条件排序

003.自定义排序

题目要求:将表中数据以"班级"为关键字排序,且"次序"依次为"一班""二班""三班""四班""五班"和"六班",即"一班"学生排在表的最前面,"六班"学生排在表的最后面。

【自定义排序操作步骤】

点击【排序】下拉箭头→选择【自定义排序】→【主要关键字】设置为班级→【排序依据】设置为数值→【次序】选择自定义序列→输入题目要求的序列→单击添加,如图 2-28 所示。

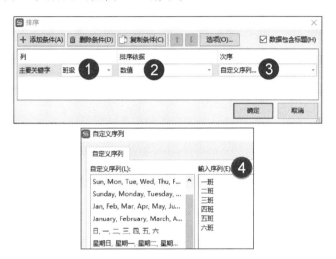

图 2-28　自定义排序

特别提醒:输入序列时用英文标点下的逗号或者回车分隔。

07.筛选考点　　　　　　　　难度系数★★★☆☆

筛选分为自动筛选和高级筛选,其中高级筛选为难点。

001.常规考点

数字筛选,文本筛选,多条件筛选,如图 2-29 所示。

图 2-29　数字筛选

002.高级筛选

高级筛选要注意设置列表区域,条件区域,复制到的区域。

【高级筛选操作步骤】

点击【筛选】下拉箭头→选择【高级筛选】→在【列表区域】选择需要筛选的数据源区域→在【条件区域】框选择筛选条件所在的区域,如图 2-30 所示。

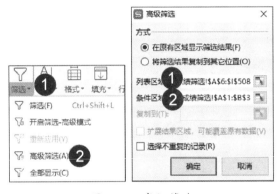

图 2-30　高级筛选

特别提醒:高级筛选的重点在于条件的书写,条件同行表示"且",条件不同行表示"或"。

08.查找和选择考点　　　　难度系数★★★☆☆

001.替换

题目要求:使用查找替换将"商品名称"(B3:B17)中的"(内销)""(出口)"内容清除。

【替换操作步骤】

选择 B3:B17 列→点击【查找】下拉箭头→选择【替换】→【查找内容】输入"(内销)"→【替换为】不输入内容→点击【全部替换】,如图 2-31 所示。

图 2-31　替换

特别提醒：替换时若点击【选项】，勾选【单元格匹配】，则单元格内容和查找内容完全一致才能被替换。

002.定位条件

题目要求：为表格数据区域中所有空白单元格填充数字 0。

【定位条件操作步骤】

选中整个表格区域→点击【查找】下拉箭头→选择【定位】→定位选择【空值】→输入"0"→按【Ctrl＋Enter】进行批量填充，如图 2-32 所示。

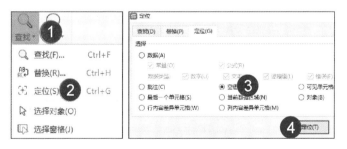

图 2-32　定位条件

特别提醒：

1.定位完成后光标不要点击其他地方，输入结果之后，一定要按【Ctrl＋Enter】进行批量填充。

2.定位错误值的方法与之类似，从公式中勾选【错误值】。

09.插入选项卡考点　　　　难度系数★★☆☆☆

001.插入图片

题目要求:将考生文件夹下的图片分别按名称对应"嵌入"F 列单元格展示。

【插入图片操作步骤】

【插入】选项卡→点击【图片】按钮→选择【嵌入单元格】→选择对应图片,如图 2-33 所示。

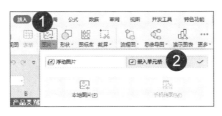

图 2-33　插入图片

002.插入超链接

题目要求:在首页工作表中应用超链接,使在点击各形状按钮时可以跳转到对应的工作表。

【插入超链接操作步骤】

【插入】选项卡→点击【超链接】按钮→选择【本文档中的位置】→选择对应工作表,如图 2-34 所示。

图 2-34　插入超链接

10.页面布局考点　　　　难度系数★★☆☆☆

001.纸张设置

包括页边距，纸张大小及方向等命令的设置。

002.调整工作表

题目要求：为节约打印纸张，请对"员工绩效汇总"工作表进行打印缩放设置，确保纸张打印方向保持为纵向的前提下，实现将所有列打印在一页。

【调整工作表操作步骤】

【页面布局】选项卡→点击【页面设置】组右下角对话框按钮→调整为【将所有列打印在一页】，如图 2-35 所示。

图 2-35　调整工作表

003.设置打印区域

打印时只打印规定的数据区域。

【设置打印区域操作步骤】

选中要打印的数据区域→【页面布局】选项卡→点击【打印区域】→【设置打印区域】，如图 2-36 所示。

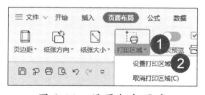

图 2-36　设置打印区域

004.打印标题行

题目要求:在打印时,设置每页都打印标题行。

【打印标题行操作步骤】

选中要打印的数据区域→【页面布局】选项卡→点击【打印标题或表头】按钮→设置【顶端标题行】的打印区域,如图 2-37 所示。

图 2-37　打印标题行

005.页眉页脚

题目要求:为工作表添加页眉和页脚,页眉中间位置显示"成绩报告"文本,页脚样式为"第 1 页,共?页"。

【页眉页脚操作步骤】

【页面布局】选项卡→点击【页面设置】组右下角对话框按钮→【页眉/页脚】→【自定义页眉】→中间输入【成绩报告】→页脚选择【第 1 页,共?页】的样式,如图 2-38 所示。

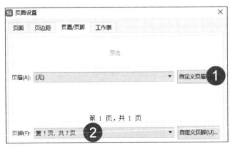

图 2-38　页眉页脚

006.页面背景

题目要求:以考生文件夹下的图片"map.jpg"作为该工作表的背景。

【页面背景操作步骤】

【页面布局】选项卡→点击【背景图片】→找到图片所在位置→选择图片→插入,如图 2-39 所示。

图 2-39　设置页面背景

007.分页符

题目要求:适当调整分页符位置以实现每组数据单独打印在一页上。

【页面背景操作步骤】

【页面布局】选项卡→开启【分页预览】模式→在分页预览中适当调整分页符,如图 2-40 所示。

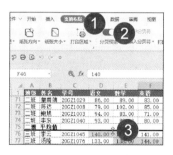

图 2-40　分页符

11.数据工具考点　　　　　　　难度系数★★★☆☆

001.分列考点

题目要求:将"工号""姓名""级别""本期绩效""本期绩效评价"的

内容,依次拆分到 A－E 列,注意:拆分列的过程中,要求将"级别"(C 列)的数据类型指定为"文本"。

【分列操作步骤】

选中 A 列→【数据】选项卡→选择【分列】→第一步选【分隔符号】→第二步分隔符选择【逗号】→第三步选中【C 列】设置数据类型为【文本】→点击【下一步】→点击【完成】,如图 2-41 所示

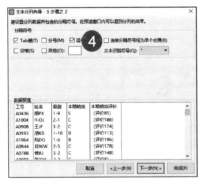

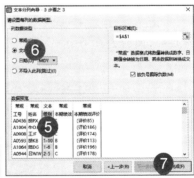

图 2-41 分列

002.删除重复项

删除重复值是彻底删除重复内容所在的行。

【删除重复项操作步骤】

定位到任意单元格→【数据】选项卡→点击【删除重复项】→取消

【全选】→勾选需要去掉重复值的字段，如图 2-42 所示。

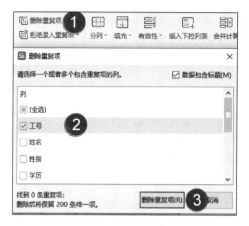

图 2-42　删除重复项

003.合并计算

合并计算是指将多个相似格式的工作表或数据区域，按照指定的方式进行自动匹配计算。

【合并计算操作步骤】

【数据】选项卡→点击【合并计算】→选择计算函数→点击引用按钮选择数据→点击添加按钮→勾选【首行】和【最左列】，如图 2-43 所示。

图 2-43　合并计算

12.数据有效性考点　　　　难度系数★★★☆☆

001.数据有效性常规考点

数据有效性主要考核有效性条件、输入信息、出错警告。

条件:小数、整数、序列、文本长度、日期、时间、自定义。

出错警告三种样式:停止、警告、信息。

002.数值输入范围

题目要求:面试分数的范围为 0－100 之间整数(含本数)。

【数值输入范围操作步骤】

【数据】选项卡→点击【有效性】→【允许】选择【整数】→【数据】选择【介于】→【最小值】参数框输入最小值"0"→【最大值】参数框输入"100",如图 2-44 所示。

图 2-44　数值输入范围

003.文本输入范围

题目要求:在(J2:J201)中插入下拉列表,要求下拉列表中包括"确认"和"待确认"两个选项,并且输入无效数据时显示出错警告,错误信息显示为"输入内容不规范,请通过下拉列表选择"字样。

【文本输入范围操作步骤】

选中 J2:J201→打开【数据有效性】→【允许】选择【序列】→来源输入"确

认,待确认"→点击【出错警告】→在【错误信息】输入内容,如图 2-45 所示。

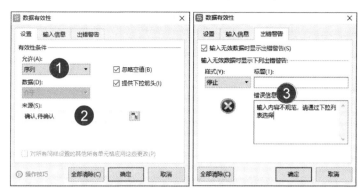

图 2-45　文本输入范围

特别提醒:"确认,待确认"中间的逗号需在英文标点状态下输入。

13.下拉列表考点　　　　　难度系数★★★☆☆

插入下拉列表功能类似于数据有效性中的条件为序列的情况。

001.插入下拉列表

题目要求:在"成绩查询"工作表的 A2 单元格中插入下拉列表,其下拉选项中包含全部学生姓名。

【插入下拉列表操作步骤】

【数据】选项卡→点击【插入下拉列表】按钮→选择【从单元格选择下拉选项】→选择姓名区域→点击【确定】按钮,如图 2-46 所示。

图 2-46　数值输入范围

14.分类汇总考点　　　　　　难度系数★★★☆☆

基本考点:分类字段、汇总方式、选定汇总项、数据不分页。

题目要求:对表中数据进行分类汇总分析,具体要求是按"性别"分类统计男生和女生的"高等数学"和"应用文写作"这两门课程的平均分。

【分类汇总操作步骤】

先按照【分类字段】进行排序→【数据】选项卡→点击【分类汇总】→选择【分类字段】→选择【汇总方式】→【选定汇总项】,如图 2-47 所示。

图 2-47　分类汇总

特别提醒:

1.分类汇总之前先按分类字段进行排序。

2.如果分类汇总是灰色的,则说明套用了表格样式。选中表格→单击右键→【表格】→【转换为区域】。

15.导入外部数据考点　　　　难度系数★★★☆☆

001.自文本导入

题目要求:将以制表符分隔的文本文件"学生档案.txt"自 A1 单元格开始导入工作表"初三学生档案"中。

【自文本导入操作步骤】

选择 A1 单元格→【数据】选项卡→点击【导入数据】按钮→选择【数据源】→点击【下一步】→设置语言为【简体中文】→文件原始格式中选择任意一种简体中文→【下一步】→选择合适的分隔符号（下方的数据预览就能看到数据根据"分隔符号"分开效果）→下一步→设置各列数据类型，如图 2-48 所示。

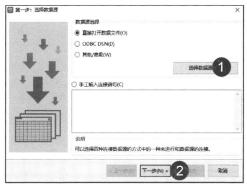

图 2-48　自文本导入数据

特别提醒：导入时若有身份证、学号这样的文本列，切记应先将格式设为文本再完成导入。

16.数据透视表考点　　　　　　难度系数★★★★☆

数据透视表主要考点：插入数据透视表、数据透视表分组功能、筛选和排序、数据透视表显示报表筛选页、值汇总方式、显示方式，按照标签进行排序、数据透视图。

001.插入数据透视表

【插入数据透视表操作步骤】

双击→【插入】选项卡→【数据透视表】→选择放置数据透视表的位置→选择相应的字段放置到行标签、列标签、值汇总区域、报表筛选区域，如图 2-49 所示。

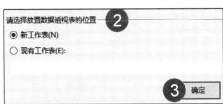

图 2-49　插入数据透视表

002.数据分组

数据透视表的数据分组主要分为两种：第一是对日期（按月、季度），第二是对数值（求数值区间中的信息个数）。

【按日期数据分组操作步骤】

行标签设置为日期→选中任意一个日期单元格→单击右键→【组合】→弹出的【步长】选择"季度"，如图 2-50 所示。

求和项：销量（本）	日期				
书店名称	第一季	第二季	第三季	第四季	总计
博达书店	909	1605	1449	1127	5090
鼎盛书店	2264	1651	1783	1769	7467
隆华书店	1195	1354	1655	1113	5317
总计	4368	4610	4887	4009	17874

图 2-50　日期分组

【按数值数据分组操作步骤】

行标签设置为数值→选中任意一个数值单元格→单击右键→【组合】→按照题目要求设置"起始于，终止于，步长"，如图 2-51 所示。

图 2-51　数值分组

003.数据透视表筛选和排序

题目要求:在工作表的 H6 单元格创建数据透视表,要求可以统计出 A002、A004、A006、A008、A0010 这 5 个员工上半年的所有工资数据的平均值。

【筛选操作步骤】

将数据透视表标签设置好→行标签的下拉箭头→勾选对应员工,如图 2-52 所示。

图 2-52　数据透视表筛选

【排序操作步骤】

选择需要排序的区域任意单元格→【数据】选项卡→按照题目要求排序。

004.数据透视表的汇总方式

数据透视表中的值字段数据按照数据源中的方式进行显示,且汇总方式为求和。可以根据需要修改数据的汇总方式和显示方式。

【数据透视表的汇总方式操作步骤】

单击求和项字段名称右侧的下拉箭头→点击【值字段设置】→选择【值汇总方式】或【值显示方式】→计算类型列表框中选择需要的汇总方式,如图 2-53 所示。

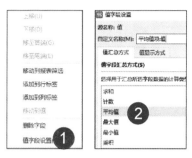

图 2-53　数据透视表的计算

005.数据透视表的显示

【数据透视表的显示操作步骤】

光标定位在数据透视表→【数据透视表/分析】选项卡→显示→打开或关闭"字段列表,＋/－按钮,字段标题",如图 2-54 所示。

图 2-54　数据透视表的显示

006.值显示方式

题目要求:设置数据透视表值显示方式。

【值显示方式操作步骤】

选中要设置格式的整列→单击右键点击【值显示方式】→选择【总

计的百分比】,如图 2-55 所示。

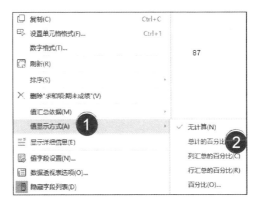

图 2-55　值显示方式

007.数据透视表布局

【不显示分类汇总操作步骤】

【数据透视表/设计】选项卡→【分类汇总】→【不显示分类汇总】,如图 2-56 所示。

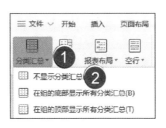

图 2-56　不显示分类汇总

【以表格形式显示操作步骤】

【数据透视表/设计】选项卡→【报表布局】→【以表格形式显示】,如图 2-57 所示。

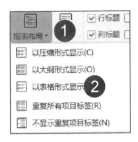

图 2-57　以表格形式显示

008.显示报表筛选页

题目要求:根据"订单明细"工作表中的销售记录,分别创建名为"北区""南区""西区"和"东区"的工作表,这 4 个工作表中分别统计本销售区域各类图书的累计销售金额。

【显示报表筛选页操作步骤】

行列标签设置好后→【所属区域】放在筛选器→【数据透视表/分析】选项卡→【选项】下拉箭头→【显示报表筛选页】,如图 2-58 所示。

图 2-58　显示报表筛选页

009.合并且居中标题

题目要求:"品牌"所在单元格需要"合并且居中排列"。

【合并且居中标题操作步骤】

选中对应单元格→单击右键选择【数据透视表选项】→勾选【合并且居中排列带标签的单元格】,如图 2-59 所示。

图 2-59　合并且居中标题

010.数据透视图

题目要求:利用数据透视图功能,显示各班级的"逻辑学"平均分,要求"图例"为"班级"字段,相关联的数据透视表位置选择当前工作表的 A512 单元格。

【数据透视图操作步骤】

【插入】选项卡→点击【数据透视图】→选择数据透视图放置位置→设置【图例(系列)】、【轴】、【值】,如图 2-60 所示。

图 2-60　数据透视图

17.审阅选项卡考点　　　　难度系数★★★☆☆

001.批注考点

题目要求:在"员工绩效汇总"工作表的 G1 单元格上增加一个批注,内容为"工龄计算,满一年才加 1"。例如:2018-11-22 入职,到 2020-

10-01,工龄为 1 年。

【批注操作步骤】

光标定位在 G1 单元格→【审阅】选项卡→点击【新建批注】→输入批注内容,如图 2-61 所示。

图 2-61　批注

002.保护工作表考点

题目要求:对"员工资料"工作表进行保护,密码为空。

【批注操作步骤】

光标定位在"员工资料"工作表→【审阅】选项卡→点击【保护工作表】→不输入密码,如图 2-62 所示。

图 2-62　保护工作表

18.视图选项卡考点　　　　难度系数★★★☆☆

001.阅读模式考点

题目要求:将"销售记录"工作表设置成:选择某个单元格时,自动将该单元格所在行列标记与其他行列不同颜色。

【阅读模式操作步骤】

光标定位在"销售记录"工作表→【视图】选项卡→点击【阅读模式】,如图 2-63 所示。

图 2-63　阅读模式

002.取消网格线和行号列标考点

题目要求:在首页工作表中,设置不显示网格线,且不显示行号列标。

【取消网格线和行号列标操作步骤】

光标定位在"首页"工作表→【视图】选项卡→取消勾选【显示网格线】和【显示行号列标】,如图 2-64 所示。

图 2-64　阅读模式

003.冻结窗格考点

题目要求:在"销售记录"工作表中,为方便查看销售表数据,设置成表格上下翻页查看数据时,标题行始终显示;左右滚动查看数据时,"日期"和"客户名称"列始终显示。

【冻结窗格操作步骤】

光标定位在 C2 单元→【视图】选项卡→【冻结窗格】→选择【冻结至第 1 行 B 列】,如图 2-65 所示。

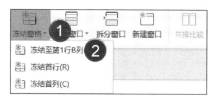

图 2-65　冻结窗格

第3章 WPS 表格专题(函数公式篇)

01.函数注意事项　　　　　　　难度系数★☆☆☆☆

①函数开头必须先写"＝"

②函数内的标点符号必须是英文标点

③函数单元格格式不能是文本

刚开始写函数时,肯定会出现各种情况的错误,大家不要放弃,坚持多看多练多理解,一定可以掌握,加油喔!

02.六大基本函数　　　　　　　难度系数★☆☆☆☆

001.sum 求和函数

定义:对指定参数进行求和。

书写规则:＝sum(数据区域)

	A 数据	B 求和公式
1		
2	1	=SUM(A2:A4)
3	2	
4	3	

002.average 求平均函数

定义:对指定参数进行求平均值。

书写规则:＝average(数据区域)

	A 数据	B 求平均值公式
1		
2	1	=AVERAGE(A2:A4)
3	2	
4	3	

003.max 求最大值函数

定义：求指定区域中的最大值。

书写规则：＝max（数据区域）

	A	B
1	数据	求最大值公式
2	1	
3	2	=MAX(A2:A4)
4	3	

004.min 求最小值函数

定义：求指定区域中的最小值。

书写规则：＝min（数据区域）

	A	B
1	数据	求最小值公式
2	1	
3	2	=MIN(A2:A4)
4	3	

005.count 求个数函数

定义：求指定区域中数值单元格的个数。

书写规则：＝count（数据区域）

	A	B
1	数据	求个数公式
2	1	
3	2	=COUNT(A2:A4)
4	3	

006.mode 求众数函数

定义：求指定区域中的众数。

书写规则：＝mode（数据区域）

	A	B	C
1	数据	求众数公式	结果
2	1		
3	1	=MODE(A2:A5)	1
4	1		
5	2		

03.rank 排名函数　　　　难度系数★★☆☆☆

定义:求某个数据在指定区域中的排名。

书写规则:＝rank(排名对象,排名的数据区域,升序或者降序)

	A	B	C
1	成绩	成绩排名	公式
2	75	2	
3	97	1	=RANK(A2,$A$2:$A$4)
4	45	3	

特别提醒:

1.第二参数一定要绝对引用;

2.第三参数通常省略不写。

04.逻辑判断函数　　　　难度系数★★★☆☆

001.if 函数

定义:根据逻辑判断是或否,返回两种不同的结果。

书写规则:＝if(逻辑判断语句,逻辑判断"是"返回的结果,逻辑判断"否"返回的结果)

题目要求:成绩＜60 显示不及格,成绩在 60～80 间显示及格,成绩＞＝80 显示优秀。

	A	B	C
1	成绩	等级	公式
2	75	及格	
3	97	优秀	=IF(A2<60,"不及格", IF(A2<80,"及格","优秀"))
4	45	不及格	

特别提醒:

1.写 IF 函数的多层嵌套时,一定要注意不能少括号,括号应成对出现;

2.条件或者返回结果为文本时,一定要加英文标点状态下的双引号。

002.ifs 函数

定义:检查是否满足一个或多个条件,且返回符合第一个 true 条件的值,ifs 函数可以取代多个嵌套 if 函数。

书写规则：＝ifs（逻辑判断语句 1，逻辑判断语句 1"是"返回的结果，逻辑判断语句 2，逻辑判断语句 2"是"返回的结果）

题目要求：成绩＜60 显示不及格，成绩在 60～80 间显示及格，成绩＞＝80 显示优秀。

	A	B	C
1	成绩	等级	公式
2	75	及格	
3	97	优秀	=IFS(A2<60,"不及格", A2<80,"及格",A2>=80,"优秀")
4	45	不及格	

003.iferror 函数

定义：如果公式计算错误，则返回指定值，否则返回公式的结果。

书写规则：＝iferror（公式，公式为错误值返回时的结果）

	A	B	C
1	数值	数值	公式
2	1	2	=IFERROR(A2/B2,"分母不能为0")
3	1	0	

05.条件求个数函数　　　　　　难度系数★★★☆☆

001.countif 单条件求个数函数

定义：求指定区域中满足单个条件的单元格个数。

书写规则：＝countif（区域，条件）

	A	B	C
1	性别	女生人数	公式
2	男		
3	女	2	=COUNTIF(A2:A5,"女")
4	男		
5	女		

002.countifs 多条件求个数函数

定义：求指定区域中满足多个条件的单元格个数。

书写规则：＝countifs（区域 1，条件 1，区域 2，条件 2）

	A	B	C
1	性别	成绩	成绩>90的女生人数（公式）
2	男	92	
3	女	95	=COUNTIFS(A2:A5,"女",B2:B5,">90")
4	男	67	
5	女	82	

06.条件求和函数　　　　　　难度系数★★★★☆

001.sumif 单条件求和函数

定义:对满足单个条件的数据进行求和。

书写规则:＝sumif(条件区域,条件,求和区域)

	A	B	C
1	部门	销售额 (万)	求生产部的总销售额 (公式)
2	行政部	58	
3	生产部	760	=SUMIF(A2:A5,"生产部",B2:B5)
4	市场部	850	
5	生产部	400	

002.sumifs 多条件求和函数

定义:对满足多个条件的数据进行求和。

书写规则:＝sumifs(求和区域,条件区域 1,条件 1,条件区域 2,条件 2)

	A	B	C	D
1	部门	员工性别	销售额 (万)	求生产部女员工的总销售额 (公式)
2	行政部	女	58	
3	生产部	女	760	
4	市场部	男	850	=SUMIFS(C2:C6,A2:A6,"生产部",B2:B6,"女")
5	生产部	男	400	
6	生产部	女	300	

特别提醒:

1.sumif 和 sumifs 函数的参数并不是通用的,为了避免出错,无论是单条件还是多条件求和都推荐使用 sumifs 函数;

2.求和区域与条件区域的行数一定要对应相同。

003.sumproduct 乘积求和函数

定义:求指定的区域或数组乘积的和。

书写规则:＝sumproduct(区域 1 * 区域 2)

	A	B	C
1	销售量	单价	求生产部女员工的总销售额 (公式)
2	25	58	
3	63	760	=SUMPRODUCT(A2:A5*B2:B5)
4	85	25	
5	24	41	

特别提醒:区域必须一一对应。

07.查询函数   难度系数★★★☆☆

001.vlookup 查询函数

定义：在指定区域的首列沿垂直方向查找指定的值，返回同一行中的其他值。

书写规则：＝vlookup（查询对象，查询的数据区域，结果所在的列数，精确匹配或者近似匹配）

精确匹配：

	A	B	C
1	题目要求：根据图书编号查询图书定价		
2	图书编号	定价	公式（精确匹配）
3	BK-83023	33	=VLOOKUP(A3,$A$8:$C$13,3,FALSE)
4	BK-83025	27	
5	BK-83021	33	
6	BK-83022	17	
7			
8	图书编号	图书名称	价格
9	BK-83021	《计算机基础基础》	33
10	BK-83022	《Photoshop应用》	17
11	BK-83023	《C语言程序设计》	33
12	BK-83024	《VB语言程序设计》	45
13	BK-83025	《Java语言程序设计》	27

近似匹配：

	A	B	C
1	题目要求：根据销售总额查询客户等级		
2	销售总额	客户等级	公式（近似匹配）
3	30000	1级	=VLOOKUP(A3,$A$9:$B$14,2,TRUE)
4	4000	5级	
5	23000	1级	
6	17000	2级	
7	8000	4级	
8			
9	销售额(≥)	级别	
10	0	5级	
11	5000	4级	
12	10000	3级	
13	15000	2级	
14	20000	1级	

特别提醒：

1.查询对象必须位于查询数据区域的首列；

2.第二参数（查询的数据区域）要绝对引用。

002.lookup 数组查询函数

定义:利用数组构建查询区域和结果区域实现查询。

书写规则:＝lookup(查询对象,查询的数据区域,结果的数据区域)

专业对应:01——国际贸易,02——市场营销,03——财务管理

专业代号	专业名称	公式
02	市场营销	
03	财务管理	=LOOKUP(A2,{"01","02","03"},{"国际贸易","市场营销","财务管理"})
02	市场营销	
01	国际贸易	

特别提醒:

1.查询的数据区域与结果的数据区域要一一对应;

2.查询的数据区域和结果的数据区域要用{}数组括号。

003.index 函数

定义:查找指定区域中指定行与指定列的单元格。

书写规则:＝index(查询的数据区域,返回的行号,返回的列号)

A	B	C	D
1	2	3	返回的第3行第2列值(公式)
4	5	6	=INDEX(A1:C3,3,2)
7	8	9	

004.match 函数

定义:查找指定值在指定区域中的位置。

书写规则:＝match(查询对象,查询的数据区域,精确匹配或者近似匹配)

内容	查找小黑的位置
小白	
小灰灰	=MATCH("小黑",A2:A5,0)
小二黑	
小黑	

特别提醒:一般都用精确匹配。

005.index 和 match 函数组成二维查询

城市(降水量)	1月	2月	求武汉市2月降水量 (公式)
北京市	0.2	0	
上海市	0.1	0.9	=INDEX(A1:C6,MATCH("武汉市",A1:A6,
武汉市	3.7	2.7	0),MATCH("2月",A1:C1,0))
桂林市	6.5	2.9	
成都市	0	1	

08.文本函数　　　　　　　难度系数★★☆☆☆

001.left 从左侧取文本函数

定义:从文本左侧起提取文本中的指定个数的字符。

书写规则:＝left(要提取的字符串,提取的字符数)

	A	B	C
1	姓名	姓	**公式**
2	张三	张	
3	李四	李	=LEFT(A2,1)
4	王五	王	

002.right 从右侧取文本函数

定义:从文本右侧起提取文本中的指定个数的字符。

书写规则:＝right(要提取的字符串,提取的字符数)

	A	B	C
1	姓名	名	**公式**
2	张三	三	
3	李四	四	=RIGHT(A2,1)
4	王五	五	

003.mid 从中间取文本函数

定义:从文本中间提取文本中的指定个数的字符。

书写规则:＝mid(要提取的字符串,从第几位开始取,提取的字符数)

	A	B	C
1	学号	姓名	**学号第4位表示班级**
2	120305	包宏伟	=MID(A2,4,1)&"班"
3	120203	陈万地	2班
4	120104	杜学江	1班

特别提醒:

1.mid 函数提取的结果是文本,不能直接参与计算,如要参与计算需先＋0 进行转换;

2.& 为文本连接符。

004.text 文本转化函数

定义:将指定的数字转化为特定格式的文本。

书写规则:＝text(字符串,转化的格式)

	A	B	C
1	出生日期字符串	转化后	公式
2	19960102	1996-01-02	=TEXT(A2,"0000-00-00")+0
3	19980214	1998-02-14	
4	20001212	2000-12-12	

特别提醒：text 函数转化之后结果为文本，并不是数值，如要参与计算需＋0 转换。

005.find 定位函数

定义：计算指定字符在指定字符串中的位置。

书写规则：＝find（指定字符，字符串，开始进行查找的字符数）

	A	B	C
1	邮箱地址	@所在位置	公式
2	1530823028@qq.com	11	=FIND("@",A2)
3	xhkt666@163.com	8	
4	82375141@qq.com	9	

特别提醒：

1.find 函数第三参数一般省略不写；

2.第一参数要加双引号；

3.find 函数求出指定字符所在的位置，通常情况下都会再与别的函数嵌套使用。

09.日期函数　　　　　　　　难度系数★★☆☆☆

001.today 求当前日期函数

定义：求电脑系统中今天的日期。

书写规则：＝today（）

	A	B
1	显示当前日期	=TODAY()

002.year 求年份函数

定义：求指定日期的年份。

书写规则：＝year（日期）

	A	B	C
1	日期	年份	公式
2	2020/6/5	2020	=YEAR(A2)

003.month 求月份函数

定义：求指定日期的月份。

书写规则：＝month（日期）

	A	B	C
1	日期	月份	公式
2	2020/6/5	6	=MONTH(A2)

004.day 求天数函数

定义：求指定日期对应当月的天数。

书写规则：＝day（日期）

	A	B	C
1	日期	天数	公式
2	2020/6/5	5	=DAY(A2)

005.date 日期函数

定义：将年月日三个值转变成日期格式。

书写规则：＝date（年，月，日）

	A	B	C	D
1	年	月	日	日期
2	2020	2	20	2020/2/20
3		=DATE(A2,B2,C2)		

006.datedif 求日期间隔函数

定义：计算两个日期之间的间隔（年/月/日）。

书写规则：＝datedif（起始日期，终止日期，返回类型）

	A	B	C	D
1	入职日期	离职日期	工龄	公式
2	2002/9/10	2019/9/10	17	=DATEDIF(A2,B2,"Y")

特别提醒：返回类型返回相距多少年用 y，相距多少月用 m，相距多少天用 d，三种情况都要加双引号。

007.yearfrac 求日期间隔函数

定义：计算两个日期之间的天数占一年的比例

书写规则：＝yearfrac（起始日期，终止日期，返回类型）

	A	B	C
1	起始日期	终止日期	一年按360天计算工龄
2	2002/1/1	2020/1/1	=YEARFRAC(A2,B2,0)

特别提醒：yearfrac 函数适用于一年 360 天或 365 天进行计算的情况。

008.weekday 求星期函数

定义：将某个日期所处的星期转换成数字。

书写规则：＝weekday（日期,返回类型）

	A	B
1	日期	是否在加班
2	2020/2/23	是
3	=IF(WEEKDAY(A2,2)>5,"是","否")	

特别提醒：

1.第二参数返回类型填写 2 是根据中国人习惯,星期一返回 1,星期二返回 2,以此类推；

2.weekday 函数常用于跟 if 函数结合判断是否加班。

10.数学函数　　　　　　　难度系数★★☆☆☆

001.int 取整函数

定义：对指定数字向下取整。

书写规则：＝int（数值）

	A	B	C
1	数据	取整	公式
2	36.80	36	=INT(A2)

002.mod 求余函数

定义：求某个数字除以另一个数字的余数。

书写规则：＝mod（被除数,除数）

	A	B	C
1	被除数	除数	余数
2	15	4	3
3	=MOD(A2,B2)		

003.isodd 判断奇偶函数

定义：判断数字是否为奇数,如果是,则返回 TRUE,否则返回

FALSE。

书写规则：＝isodd(数值)

	A	B	C
1	数字	结果	公式
2	1	TRUE	=ISODD(A2)

特别提醒：本函数可以用来根据身份证号求性别。

004.round 四舍五入函数

定义：对指定数字进行四舍五入。

书写规则：＝round(数值,保留小数位数)

	A	B	C
1	金额	保留两位小数（四舍五入）	公式
2	19269.68516	19269.69	=ROUND(A2,2)

005.roundup 向上取值函数

定义：对指定数字进行向上取值。

书写规则：＝roundup(数值,保留小数位数)

	A	B	C
1	金额	向上取值保留两位小数	公式
2	19269.63157	19269.64	=ROUNDUP(A2,2)

特别提醒：本函数可以用来根据月份求季度。

006.rounddown 向下取值函数

定义：对指定数字进行向下取值。

书写规则：＝rounddown(数值,保留小数位数)

	A	B	C
1	金额	向下取值保留两位小数	公式
2	19269.63157	19269.63	=ROUNDDOWN(A2,2)

007.sqrt 开平方根函数

定义：求一个非负实数的平方根。

书写规则：＝sqrt(数值)

	A	B	C
1	数值	平方根	公式
2	36	6	=SQRT(A2)

008.large 函数

定义:求指定区域中的第 K 大值。

书写规则:＝large(区域,返回第几个最大值)

	A	B	C
1	数据	第二个最大值	公式
2	95		
3	87	87	=LARGE(A2:A4,2)
4	63		

009.row 求行号函数

定义:求指定单元格的行号。

书写规则:＝row(单元格)

	A	B
1	运行结果	公式
2	2	=ROW(A2)

特别提醒:若括号内未填写参数,则返回公式输入单元格的行号。

010.column 求列号函数

定义:求指定单元格的列号。

书写规则:＝column(单元格)

	A	B
1	运行结果	公式
2	2	=COLUMN(B1)

特别提醒:若括号内未填写参数,则返回公式输入单元格的列号。

011.indirect 函数

定义:间接引用函数(引用单元格内容中的地址位置)。

书写规则:＝indirect(单元格)

	A	B	C
1	数据	公式	结果
2	1	=A3	A2
3	A2	=INDIRECT(A3)	1

特别提醒:本函数用来做二级菜单和动态图表。

第 4 章 WPS 演示专题

01.新建幻灯片考点　　　　　难度系数★☆☆☆☆

001.新建幻灯片

题目要求:在第一张幻灯片后新建一张幻灯片。

【新建幻灯片操作步骤】

选中第 1 张幻灯片→【开始】选项卡→点击【新建幻灯片】按钮,如图 4-1 所示。

图 4-1　新建幻灯片

02.版式和幻灯片分节考点　　　难度系数★☆☆☆☆

001.调整版式

题目要求:将第 6 张幻灯片版式调整为"标题和内容"。

【幻灯片版式操作步骤】

选中幻灯片→【开始】选项卡→点击【版式】→弹出的列表中选择【标题和内容】版式,如图 4-2 所示。

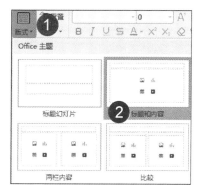

图 4-2　调整幻灯片版式

002.新增节

当演示文稿中的幻灯片较多时,为了弄清楚幻灯片的结构,可以使用分节功能对幻灯片进行分组管理。一个小节可以设置同样的背景、主题和切换方式。

【幻灯片分节操作步骤】

选中第一张幻灯片→【开始】选项卡→点击【节】按钮→选择【新增节】,如图 4-3 所示。

图 4-3　幻灯片分节

003.重命名节

【重命名节操作步骤】

右侧出现一个节→节上单击右键→选择【重命名节】命令,如图 4-4
所示。

图 4-4　重命名节

03.字体和段落考点　　　　难度系数★☆☆☆☆

001.设置艺术字样式

题目要求:主标题和副标题全部应用"渐变填充-番茄红"预设艺术
字样式。

【设置艺术字样式操作步骤】

选中对应文本内容→点击【文本工具】→选择【渐变填充-番茄红】,
如图 4-5 所示。

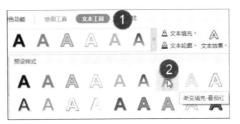

图 4-5　设置艺术字样式

002.添加项目符号

题目要求:第二张幻灯片文本内容采用"小圆点"样式的预设项目符号。

【调整项目符号大小操作步骤】

选中对应文本内容→点击【项目符号】下拉箭头→选择小圆点的项目符号,如图 4-6 所示。

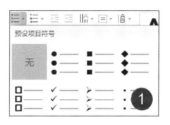

图 4-6　添加项目符号

003.设置段落级别

题目要求:将第 3~12 页这 10 页幻灯片中的"读音、出处和释义"三部分文本内容都"降一级"。

【设置段落级别操作步骤】

选中对应段落文字→【开始】选项卡→段落组→点击【增加缩进量】按钮(或者按 Tab 键),如图 4-7 所示。

图 4-7　段落级别

004.设置段落格式

题目要求:为两段内容文本设置段落格式,段落间距为段后 10 磅、

1.5 倍行距。

【设置段落格式操作步骤】

选中对应段落文字→【开始】选项卡→【段落】组右下角按钮→设置段落间距和行距，如图 4-8 所示。

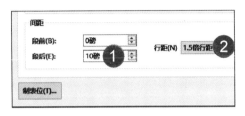

图 4-8　段落格式

005.替换字体

题目要求：将演示文稿中的所有中文字体由"宋体"替换为"黑体"。

【替换字体操作步骤】

【开始】选项卡→点击【替换】的下拉箭头→点击【替换字体】→把【宋体】替换为【黑体】，如图 4-9 所示。

图 4-9　替换字体

04.图片考点　　　　　难度系数★☆☆☆☆

001.插入图片常规考点

WPS 演示中图片的考点与 WPS 文字中基本相似。例如：图片效果、大小、位置、轮廓等，如图 4-10 所示。

图 4-10　图片常规考点

002.图片效果

题目要求:为图片应用"柔化边缘 25 磅"效果。

【图片效果操作步骤】

插入图片后→【图片工具】选项卡→点击【图片效果】下拉箭头→点击【柔化边缘】→设置为【25】磅,如图 4-11 所示。

图 4-11　图片效果

003.调整图片位置

题目要求:图片在幻灯片上的水平位置为"19.5 厘米"、相对于"左上角",垂直位置为"－2 厘米"、相对于"居中"。

【调整图片位置操作步骤】

选中图片→单击右键选择【设置对象格式】→点击【大小与属性】组→选择【位置】→设置其【水平】【垂直】位置,如图 4-12 所示。

图 4-12 精确调整图片位置

004.图片置于底层

【置于底层操作步骤】

选中图片→单击右键选择【置于底层】,如图 4-13 所示。

图 4-13 置于底层

005.裁剪图片

题目要求:将第 5 张幻灯片中的图片裁剪为正圆形。

【裁剪图片操作步骤】

选中图片→点击【图片工具】选项卡→点击【裁剪】→选择【圆形】→
再次点击【裁剪】按钮即可完成操作,如图 4-14 所示。

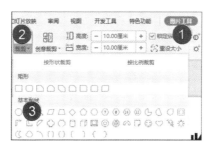

图 4-14　裁剪图片

05.形状考点　　　　　　　　难度系数★☆☆☆☆

001.插入形状

题目要求:在相邻文本框之间以 10 厘米高、1 磅粗的白色"直线"形状相分隔。

【插入形状操作步骤】

【插入】选项卡→【形状】下拉箭头选择【直线】→【绘图工具】选项卡中设置【轮廓】和高度,如图 4-15 所示。

图 4-15　形状

002.编辑形状

题目要求:将第 6 页文本框设置为"五边形"箭头的预设形状。

【编辑形状操作步骤】

选中文本框→点击【绘图工具】选项卡→点击【编辑形状】选择【更

改形状】设置为五边形,如图 4-16 所示。

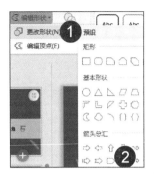

图 4-16　编辑形状

06.智能图形考点　　　　　难度系数★☆☆☆☆

001.插入智能图形

题目要求:将文章中三段文本转换为智能图形中的"梯形列表"来展示。

【插入智能图形操作步骤】

【插入】选项卡→点击【智能图形】→选择【梯形列表】→在智能图形中输入文字,如图 4-17 所示。

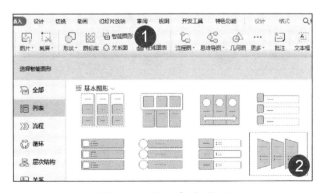

图 4-17　插入智能图形

002.修改智能图形方向

题目要求:梯形列表的方向修改为"从右向左"。

【修改智能图形方向操作步骤】

点击【智能图形设计】选项卡→选择【从右向左】,如图 4-18 所示。

图 4-18　修改智能图形方向

003.设置智能图形颜色

题目要求:设置智能图形颜色为预设的"彩色-第 4 个色值"。

【设置智能图形颜色操作步骤】

点击【智能图形设计】选项卡→选择【更改颜色】→选择"彩色-第 4 个色值",如图 4-19 所示。

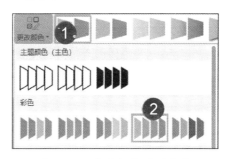

图 4-19　设置智能图形颜色

07.超链接考点　　　　　难度系数★☆☆☆☆

001.插入超链接

题目要求:为目录幻灯片(第 2 页)中的 4 张图片分别设置超链接

动作,使其在幻灯片放映状态下,通过鼠标单击操作,即可跳转到相对应的节标题幻灯片(第 3、5、7、9 页)。

【插入超链接操作步骤】

选中目录页中的对应图片→【插入】→【超链接】→【本文档中的位置】→选择第三张幻灯片,如图 4-20 所示。

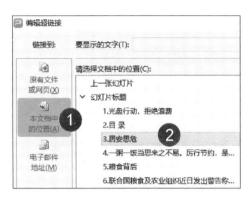

图 4-20 插入超链接

特别提醒:

1.做超链接之前一定要先保存文件。

2.注意看清题目要求是为形状还是文字设置超链接。

002.修改超链接颜色

题目要求:为目录的三个选项修改超链接颜色:"超链接颜色"修改为主题色"白色,背景 1","已访问超链接颜色"修改为主题色"暗石板灰,文本 2,浅色 90%",并勾选"链接无下划线"。

【修改超链接颜色操作步骤】

【插入】选项卡→点击【超链接】按钮→左下角点击【超链接颜色】→修改访问前后的颜色以及下划线,如图 4-21 所示。

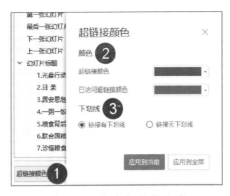

图 4-21　修改超链接颜色

003.插入动作按钮

题目要求：在第 1 节最后一张幻灯片中添加名称为"后退或前一项"的动作按钮，设置单击该按钮时可返回目录。

【插入动作按钮操作步骤】

【插入】选项卡→【形状】组下拉箭头【动作按钮】中选择【后退或前一项】→在弹出的操作设置中设置【鼠标单击】超链接到【目录】，如图 4-22 所示。

图 4-22　插入动作按钮

特别提醒：注意观察考题要求的效果是鼠标单击还是鼠标移过。

004.插入动作

题目要求：在节标题版式中统一设置返回动作，使鼠标单击左下角的图片时可以返回目录。

【插入动作操作步骤】

选中图片→【插入】选项卡→点击【动作】按钮→选择【超链接到】幻

灯片第二张,如图 4-23 所示。

图 4-23　插入动作

08.文本框考点　　　　　　难度系数★☆☆☆☆

001.文字边距

题目要求:将文本框的"文字边距"设置为"宽边距"(上、下、左、右边距各 0.38 厘米)。

【文字边距操作步骤】

选中文本框→单击右键【设置对象格式】→点击【形状选项】→点击【大小与属性】→设置文本框边距为【宽边距】,如图 4-24 所示。

图 4-24　文字边距

002.修改文本框背景透明度

题目要求：将文本框的背景填充颜色设置为透明度 40％。

【修改文本框背景透明度操作步骤】

选中文本框→单击右键【设置对象格式】→点击【形状选项】→设置透明度为【40％】，如图 4-25 所示。

图 4-25　修改文本框背景透明度

003.设置图案填充

题目要求：为文本框设置图案填充"小纸屑"。

【设置图案填充操作步骤】

选中文本框→单击右键【设置对象格式】→点击【形状选项】→选择【图案填充】选中【小纸屑】，如图 4-26 所示。

图 4-26　设置图案填充

09.页眉页脚幻灯片编号 　　难度系数★☆☆☆☆

001.页眉页脚基础考点

添加页脚、幻灯片编号、设置标题幻灯片中不显示。

【页眉页脚操作步骤】

选中幻灯片→【插入】选项卡→【页眉和页脚】→勾选【幻灯片编号】、【页脚】、【标题幻灯片中不显示】,如图 4-27 所示。

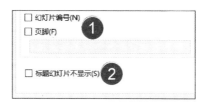

图 4-27　页眉页脚基础考点

002.插入日期和时间

题目要求:插入固定日期"2021 年 6 月 8 日"。

【插入日期和时间操作步骤】

【插入】选项卡→【日期和时间】→勾选【日期和时间】→【固定】日期"2021 年 6 月 8 日"→点击【全部应用】,如图 4-28 所示。

图 4-28　插入日期和时间

003.幻灯片编号起始值

题目要求:除标题幻灯片外,为其余所有幻灯片添加幻灯片编号,并且编号值从 1 开始显示。

【幻灯片编号起始值操作步骤】

设置幻灯片编号时,勾选【标题幻灯片不显示】→再点击【设计】选项卡→点击【幻灯片大小】下拉箭头→选择【自定义大小】→【幻灯片编号起始值】处设置值为"0",如图 4-29 所示。

图 4-29　设置幻灯片编号起始值

004.插入对象

题目要求:插入考生文件夹下的 WPS 表格"业务报告签发稿纸.xlsx"中的模板表格,并保证该表格内容随 WPS 表格的改变而自动改变。

【插入对象操作步骤】

光标定位在需要插入的位置→【插入】选项卡→点击【对象】→点击【由文件创建】→【浏览】→找到对应文件→勾选【链接】,如图 4-30 所示。

图 4-30　插入对象

特别提醒：当需要显示的是插入文档对象的内容，就不需要勾选显示为图标。

10.插入音频考点　　　　难度系数★★☆☆☆

在幻灯片中插入音频文件，可以增强演示文稿的视听效果。

001.常规考点

开始方式、跨幻灯片播放、放映时隐藏，如图 4-31 所示。

图 4-31　音频常规考点

002.插入音频考点

插入音频时，根据题目要求进行选择，如图 4-32 所示。

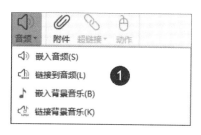

图 4-32　插入音频考点

003.裁剪音频

题目要求：剪裁音频只保留前 0.5 秒。

【裁剪音频操作步骤】

插入音频后→【音频工具】选项卡→点击【裁剪音频】→设置开始和结束时间，如图 4-33 所示。

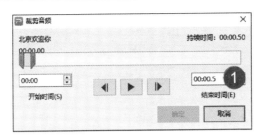

图 4-33　裁剪音频

004.音频在部分幻灯片中播放

题目要求:在第 1 张幻灯片中插入"背景音乐.mid"文件作为第 1～6 张幻灯片的背景音乐。

【音频在部分幻灯片中播放操作步骤】

插入音频后→【音频工具】选项卡→勾选【跨幻灯片播放】→至【6】页停止,如图 4-33 所示。

图 4-34　音频在部分幻灯片中播放

特别提醒:考试时要带上 3.5 mm 圆孔耳机插入电脑,否则无法插入音频。

11.插入视频考点　　　　难度系数★★☆☆☆

001.全屏播放

题目要求:设置视频放映时全屏播放。

【全屏播放操作步骤】

插入视频后→【视频工具】选项卡→勾选【全屏播放】,如图 4-35所示。

图 4-35　全屏播放

002.视频封面

题目要求：将"视频.jpg"作为视频的预览图片。

【视频封面操作步骤】

插入视频后→【视频工具】选项卡→点击【视频封面】选择封面图片来自文件，如图 4-36 所示。

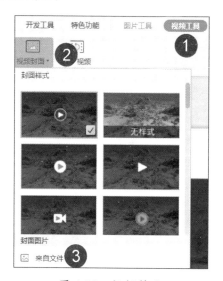

图 4-36　视频封面

特别提醒：考试时如果无法使用【视频封面】功能，选中视频单击右键【更改图片】即可更改封面。

12.设计选项卡考点　　难度系数★★☆☆☆

001.导入模板

题目要求:为整个演示文稿应用考生文件夹下的"plan.potx"模板。

【页面背景操作步骤】

【设计】选项卡→点击【导入模板】→找到考生文件夹下的模板文件,如图 4-37 所示。

图 4-37　导入模板

002.页面设置

基本考点:设置幻灯片的大小、方向,幻灯片编号的起始值,如图 4-38 所示。

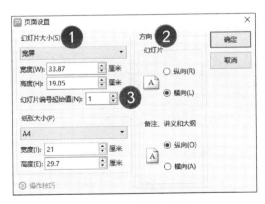

图 4-38　页面设置

003.页面背景

考点:纯色填充、渐变色填充、图片填充、隐藏背景图形。

题目要求:幻灯片背景设置为"纹理填充",且填充纹理为"纸纹 2"。

【页面背景操作步骤】

【设计】选项卡→点击【背景】按钮→选择【图片或纹理填充】→进行设置即可,如图 4-39 所示。

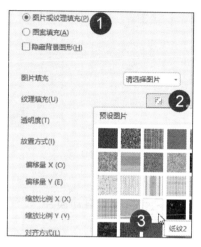

图 4-39　页面背景

004.渐变填充

题目要求:设置背景:将"中心辐射"的渐变填充应用至全部页面,设置 0%、50%、100%位置共 3 个停止点,色标颜色依次为"橙色,着色4""珊瑚红,着色 5""热情的粉红,着色 6"。

【渐变填充操作步骤】

【设计】选项卡→点击【背景】按钮→选择【渐变填充】→渐变样式设置为【中心辐射】→选中对应停止点→设置【色标颜色】→设置【位置】,如图 4-40 所示。

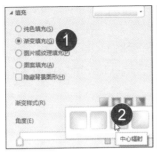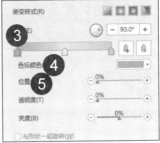

图 4-40　渐变填充

13.切换考点　　　　难度系数★★☆☆☆

幻灯片的切换效果是指幻灯片与幻灯片之间进行切换时的动画效果。

001.常规考点

切换方式、效果选项、速度、设置自动换片。

002.给幻灯片添加切换方式

【幻灯片切换操作步骤】

选择要添加切换效果幻灯片→【切换】选项卡→打开【切换方式】→
选择一个切换效果,如图 4-41 所示。

图 4-41　幻灯片切换

特别提醒:

1.注意看清题目有没有要求设置不同的切换效果。

2.如果要求每节设置不同的切换效果,可以选中节标题快速设置。

003.幻灯片的切换属性

幻灯片切换属性包括效果选项、持续时间、声音效果、换片方式等。

题目要求：为演示文稿中的幻灯片 3～11 应用切换效果，幻灯片切换效果为"形状"，效果选项为"圆形"。

【幻灯片切换操作步骤】

选中第 3～11 张幻灯片→【切换】选项卡→选择【形状】的切换效果→点击【效果选项】→效果选项选择【圆形】，如图 4-42 所示。

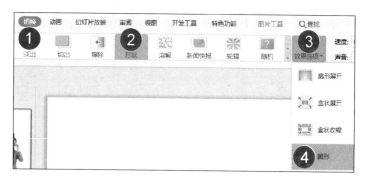

图 4-42　幻灯片的切换属性

004.幻灯片的切换速度

题目要求：设置第一张幻灯片的切换速度为 3 秒。

【幻灯片切换速度操作步骤】

选中第 1 张幻灯片→【切换】选项卡→点击【速度】输入【03.00】，如图 4-43 所示。

图 4-43　幻灯片的切换速度

005.设置幻灯片自动放映

题目要求:设置每一页幻灯片的自动换片时间为 10 秒。

【幻灯片自动放映操作步骤】

【切换】选项卡→勾选【自动换片】→设置为【00:10】→点击【应用到全部】,如图 4-44 所示。

图 4-44　幻灯片自动放映

14.动画考点　　　　　　难度系数★★★☆☆

001.常规考点

动画类型、效果选项、动画的开始、动画的排列组合。

002.设置动画效果

题目要求:副标题以"切入"方式进入、方向为"自底部"。

【设置动画效果操作步骤】

选中副标题文本框→【动画】选项卡→选择【切入】的效果→点击【自定义动画】方向→选择【自底部】,如图 4-45 所示。

图 4-45　设置动画效果

003.设置动画按字母发送

题目要求:设置动画飞入时的"动画文本"选择"按字母"发送,且将

"字母之间延迟"的百分比更改为"50％"。

【设置动画按字母发送操作步骤】

选中需要设置动画的对象→【动画】选项卡→选择【飞入】的效果→点击【自定义动画】→选中添加好的动画单击右键选择【效果选项】→设置动画按字母延迟【50％】，如图 4-46 所示。

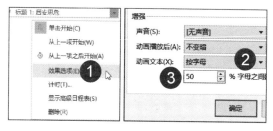

图 4-46 设置动画按字母发送

004.设置动画声音

题目要求：设置动画飞入时伴"打字机"声音效果。

【设置动画声音操作步骤】

选中需要设置动画的对象→【动画】选项卡→选择【飞入】的效果→点击【自定义动画】→选中动画单击右键选择【效果选项】→【声音】设置为【打字机】，如图 4-47 所示。

图 4-47 设置动画声音

005.设置动画速度和重复

题目要求：标题动画设置为"退出-缓慢移出"，速度为"慢速"，"重复 3"。

【设置动画速度和重复操作步骤】

选中需要设置动画的对象→【动画】选项卡→选择【退出-缓慢移出】的效果→点击【自定义动画】→选中动画单击右键选择【计时】→设置【速度】和【重复】，如图 4-48 所示。

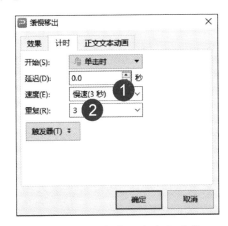

图 4-48　设置动画速度和重复

006.单个对象添加多个动画

题目要求：给标题文本框设置飞入的动画，并设置切出的退出动画效果。

【设置多个动画操作步骤】

选中【标题】文本框→【动画】选项卡→【进入】效果选择【飞入】→点击【自定义动画】→点击【添加效果】→选择【切出】动画，如图 4-49 所示。

特别提醒：设置完第一个动画之后，一定要点击【添加效果】去加上新的动画，否则会覆盖掉第一个动画。

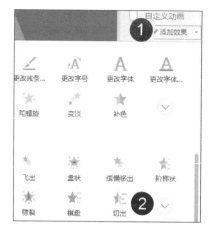

图 4-49　设置多个动画

007.设置动画播放顺序

【调整动画播放顺序操作步骤】

选中幻灯片对象→【动画】选项卡→点击【自定义动画】按钮→选择需要调整顺序的动画效果选项→按住鼠标左键不放→向上或向下拖动到合适的位置,如图 4-50 所示。

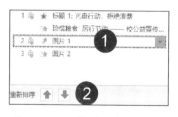

图 4-50　调整动画播放顺序

008.设置动画计时

题目要求:设置动画开始方式为鼠标单击时主、副标题同时进入。

【设置动画计时操作步骤】

【动画】选项卡→点击【自定义动画】按钮→选择第二个动画→单击右键选择【从上一项开始】,如图 4-51 所示。

图 4-51　设置动画计时

15.幻灯片放映考点　　　难度系数★★★☆☆

001.自定义放映方案

题目要求:新建 3 个自定义放映方案,方案名称和包含幻灯片分别为"Part1 设立起源"包含幻灯片 3～5,"Part2 历年主题"包含幻灯片6～7,"Part3 环保知识"包含幻灯片 8～9。

【自定义放映操作步骤】

【幻灯片放映】选项卡→点击【自定义放映】按钮→新建→输入幻灯片放映名称→左侧选择要自定义放映的幻灯片→添加,如图 4-52 所示。

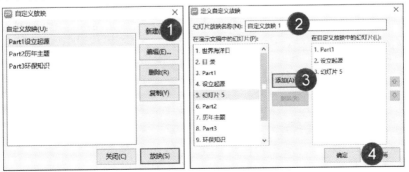

图 4-52　自定义放映

002.设置放映方式

题目要求:设置演示文稿放映方式为"循环播放,按 ESC 键终止", 换片方式为"手动"。

【设置放映方式操作步骤】

【幻灯片放映】选项卡→点击【设置放映方式】按钮→勾选【循环放映,按 ESC 键终止】→换片方式选择【手动】→确定,如图 4-53 所示。

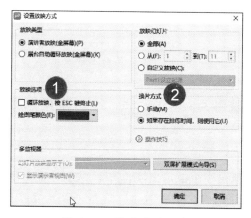

图 4-53 设置放映方式

16.幻灯片母版考点 　　　　　　难度系数★★★☆☆

001.插入 logo

题目要求:将考生文件夹下的图片"光盘行动 logo.png"批量添加到所有幻灯片页面的右上角。

【插入 logo 操作步骤】

【视图】选项卡→选择【幻灯片母版】→点击左侧幻灯片母版页→插入图片,如图 4-54 所示。

特别提醒:一定要在母版页(也就是第一页)插入图片。

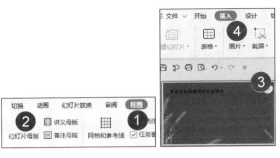

图 4-54　插入 logo

002.设置字体和段落

要求统一更改各级文本字体和段落时,可以通过母版视图进行批量操作。

【设置字体和段落操作步骤】

【视图】选项卡→【幻灯片母版】→点击左侧幻灯片母版页→选中各级文本→按照题目要求进行更改。

003.添加删除版式

【添加版式操作步骤】

【视图】选项卡→【幻灯片母版】→进入幻灯片母版视图→【新幻灯片版式】,如图 4-55 所示。

图 4-55　插入/删除版式

【删除版式操作步骤】

【视图】选项卡→【幻灯片母版】→找到要删除的版式→单击右键→【删除版式】,如图 4-55 所示。

004.创建母版

题目要求:创建一个名为"环境保护"的幻灯片母版。

【创建母版操作步骤】

【视图】选项卡→【幻灯片母版】→插入幻灯片母版→光标定位在母版→单击右键【重命名母版】→输入"环境保护",如图 4-56 所示。

图 4-56　创建母版

005.设置版式背景,隐藏背景

题目要求:使用考生文件夹下"标题页.jpg"图片作为"标题幻灯片"版式的背景图片。

【设置版式背景操作步骤】

【视图】选项卡→【幻灯片母版】→选择【标题幻灯片】→点击【背景】按钮→设置【图片或纹理填充】→选择对应图片,如图 4-57 所示。

图 4-57　设置版式背景

【隐藏背景图形操作步骤】

【视图】选项卡→【幻灯片母版】→点击【背景】按钮→勾选【隐藏背景图形】,如图 4-57 所示。

006.设置幻灯片主题

题目要求:为所有幻灯片应用名为"角度"的主题。

【设置主题操作步骤】

【视图】选项卡→【幻灯片母版】→点击【主题】→选择【角度】,如图 4-58 所示。

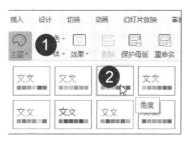

图 4-58　设置主题

17.打包文件考点　　　　难度系数★★★☆☆

001.打包文件

题目要求:保存当前演示文稿并打包成文件夹(名称和位置保持默认即可),使其在共享后可以正常播放媒体。

【打包文件操作步骤】

【文件】选项卡→点击【文件打包】→选择【将演示文档打包成文件夹】,如图 4-59 所示。

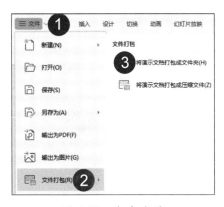

图 4-59　打包文件

第5章 选择题专题（WPS 综合应用）

01.WPS 公共功能应用   难度系数★★☆☆☆

001.WPS 首页

WPS 首页包含全局搜索框、设置与账号、导航栏、应用栏、文档列表、信息中心 6 个区域。

1.全局搜索框搜索范围

①搜索 WPS 云文档中的文件

②对云文档进行全文检索

③搜索当前电脑上的文件

④搜索办公技巧和帮助

⑤搜索模板

⑥通过搜索框快速打开云文档链接

【真题演练】

1.关于 WPS 首页的全局搜索框,描述正确的是(   )

A.只能搜索本地计算机的文档

B.只能搜索云文档

C.不支持直接访问网址

D.通过全文检索关键词,可以搜索云文档

参考答案:D

2.设置和账号

设置和账号区域提供了【服务中心】、【皮肤】、【设置菜单】和【账号头像】按钮。

3.导航栏

导航栏用于执行新建、打开命令和切换首页中的文档、日历视图。

4.应用栏和应用中心

WPS 应用中心提供了多种实用的办公软件和服务,加强了 WPS 各项办公能力。

5.文档列表

文档列表可以快速打开和管理文档。

6.消息中心

消息中心可以显示账号相关的状态。

002.新建、访问和管理文档

1.新建入口

①顶部标签栏的【＋】按钮

②WPS 首页左侧导航栏的【新建】按钮

③登录后,在【我的云文档】列表中,选择右键菜单中要新建的文档

2.新建界面结构

①文档类型选择区

②新建空白文档

③模板资源

④模板搜索框

⑤模板分类

3.最近

打开 WPS 首页,默认展示最近列表,最近的主要功能有

①访问过时文件会以访问时间倒序排列在列表中,并按日期分组。

②提供了多种筛选方式来帮助检索文档,如按文档类型和设备筛选。

③跨设备同步文档:用户在各个设备上打开过时的数据会实时同步更新。

④保障隐私安全,退出账号之后,最近访问其他用户没有查看权限。

【真题演练】

1.WPS 首页的最近列表中,包含的内容是( )。

A.最近打开过的文档

B.最近访问过的文件夹

C.最近浏览过的网页

D.最近联系过的同事

2.WPS 首页,文档列表区域的默认展示为"最近列表"。下列关于"最近列表"的叙述中,错误的是(　　)。

A.用户可直接从最近列表找到打开过的文档,快速延续上次未完成的文档处理工作,无需再去目录中检索

B.开启文档云同步后,用户在各个登录设备上打开过的文档,将实时更新到最近列表,方便用户跨设备访问同一文档

C.访问过的文件默认按文件名排序

D.最近列表的访问记录跟随用户账号,退出账号后其他人不可查看和访问

参考答案:AC

4.快速访问

将用户常用文档置顶显示,提高了频繁使用文件的检索效率,可以添加云文档、云文件夹、网址。

5.星标

6.我的云文档

用户可以将文档保存和备份在云文档中,跨设备无缝同步和访问,还可以查询历史版本,此功能需要登录账号才能访问。

7.共享

"共享"列表内展示的是你访问过的别人分享给你的文件列表,和你分享给他人所有的文件列表。

【真题演练】

1.WPS 首页的共享列表中,不包含的内容为(　　)。

A.其他人通过 WPS 共享给我的文件夹

B.在操作系统中设置为"共享"属性的文件夹

C.其他人通过 WPS 共享给我的文件

D.我通过 WPS 共享给其他人的文件

2.首页快速访问可以添加以下哪些内容(　　)。

A.云文档　　　　　　　　B.云文件夹

C.网址　　　　　　　　　D.以上都可以

参考答案:BD

8.常用

用于放置常用的文件位置,帮助快速定位和访问其中的内容。

003.文档标签和工作窗口管理

1.标签

文档标签是 WPS 特有的文档管理方式,所有文档都默认以标签的形式打开,WPS 文档的标签在 WPS 界面上方标签栏中显示。

切换标签的方法

①直接点击 WPS 标签栏的对应标签进行切换。

②通过【Ctrl＋Tab】组合键进行切换。

③通过系统任务栏按钮悬停时展开的缩略图进行切换。

【真题演练】

1.在 WPS 整合窗口模式下,不支持的文档切换方法是(   )。

A.通过 Alt＋Tab 组合键快捷切换

B.直接点击 WPS 标签栏的对应标签进行切换

C.通过 Ctrl＋Tab 组合键快捷切换

D.通过系统任务栏按钮悬停时展开的缩略图进行切换

2.默认情况下,WPS 文档都以标签形式打开。下列有关标签的叙述中,错误的是(   )。

A.重要文档可以使用"固定标签"命令将其固定在标签栏的左侧

B.被固定的标签不显示"关闭"按钮

C.通过拖动标签操作,可以调整文档标签的位置

D.使用 Shift＋Tab 组合键,可以实现在标签之间的轮流切换

参考答案:AD

2.独立窗口

WPS 用户可以将一个标签转换为独立窗口的形式显示,以方便在部分场景中使用。

文档在独立窗口中打开时,可通过右上角按钮查看【文档信息】、【窗口置顶】、【切换回标签显示】等操作。

【真题演练】

1.以下哪个选项不属于独立窗口的特性(　　　)。

A.支持同时打开多个标签　　　B.置顶窗口

C.切换回标签显示　　　　　　D.标签栏空间小

参考答案:A

02.PDF 文件应用　　　难度系数★★☆☆☆

PDF 文件由于要保持显示的一致性,在文件外发过程中需要具备不易修改的特性。PDF 具有一致性、不易修改、安全性等特征。

001.用 WPS 打开和创建 PDF

1.WPS 中打开 PDF 的方式

①通过点击 WPS 首页【打开】按钮打开 PDF 文件。

②通过 WPS 首页的文件夹浏览器中选择 PDF 文件打开。

③设置文件关联打开 PDF 文件。

2.WPS 中创建 PDF 的方式

①新建空白页文件

②从扫描仪新建

③从 Office 格式新建 PDF 文件

④从图片新建 PDF 文件

002.PDF 基本操作

1.视图布局五种方式

①单页连续阅读

②双页连续阅读

③独立封面阅读

④单页不连续阅读

⑤双页不连续阅读

2.翻页

主要通过键盘按键滚动页面

①方向键区域:【↑】、【↓】、【→】、【←】

②切页键区域:【PgUp】、【PgDn】

③文档首页、文档尾页:【Home】、【End】

3.缩放页面

WPS 提供了实际大小、适合页面、适合宽度、当前缩放值 4 种快速设置入口,还可以通过键盘上的【Ctrl】键控制鼠标和滚轮操作。

4.手型模式和选择模式

手型模式下屏蔽了鼠标点击不同 PDF 内容时的响应动作,如文字、图片、批注等内容。

选择模式下鼠标指针在文档显示区域内移动会根据鼠标指针下面的内容的不同而及时改变鼠标的样式和行为。

5.书签目录

书签目录是文件的各个标题按一定的次序编排的一种内容导航,可以根据目录中的页码快速找到所需内容。

6.缩略图

缩略图是指用户可以快速预览所有页面内容并支持跳转到对应页面的功能。

7.批注模式

批注模式是一种控制页面批注的注释内容集中显示在页面右侧区域的模式。

8.查找文本

WPS PDF 查找内容的匹配规则分为"英文整词搜索"和"区分大小写"两类,查找范围默认是页面文本内容,增加了书签和注释内容的查找。

9.复制内容

PDF 页面内容不易修改,可以实现复制,常见的是复制文本和图片。

【真题演练】

1.在 WPS 中打开 PDF 文件,通过左侧导航窗格无法查看的文档信息是(　　)

A.书签　　　　　　　　　　B.缩略图

C.文档历史版本　　　　　　D.文档附件

参考答案:C

003.批注

WPS 批注包含以下几种:

1.文本高亮

2.区域高亮

3.下划线和删除线

4.注解:对于某处内容添加解释

5.文本框

6.文字批注

7.形状批注

8.插入符和替换符

【真题演练】

1.在 WPS 中,可以对 PDF 文件的内容添加批注,但不包含(　　　)。

A.注解　　　　　　　　　　B.音频批注

C.文字批注　　　　　　　　D.形状批注

参考答案:B

004.编辑 PDF 文件

1.PDF 文件拆分

①逐页拆分

②选择页面范围拆分

2.PDF 文件合并

将多份 PDF 文件合并成一份 PDF 文件

3.插入页面

①插入空白页面

②从其他文件插入页面

4.删除页面

5.替换页面

6.提取页面

7.旋转页面和旋转文档

8.移动页面

9.裁剪页面

10.分隔页面

11.调整页面大小

12.设置页眉页脚

13.添加页码

14.编辑文本

①编辑文字

②添加文字

15.编辑图片

①进入图片编辑模式

②编辑图片属性

③插入图片

④替换图片

⑤剪切图片

16.擦除

①矩形擦除

②按路径擦除

【真题演练】

1.WPS 可以对 PDF 页面进行的操作不包括(　　　)。

A.将部分页面提取为独立 PDF 文件

B.删除部分页面

C.设置页面边距

D.插入空白页

参考答案:C

005.安全保护

1.文档加密
PDF 文档加密支持设置打开密码和文档操作权限密码

【真题演练】

1.在 WPS 中,PDF 文件不支持的保护形式是(　　)。

A.文档打开密码　　　　　　　B.文档保存密码

C.文档编辑密码　　　　　　　D.电子证书签名

参考答案:B

2.设置水印

PDF 文档可以在页面添加水印,可以在文件流转过程中起到安全、警醒、防盗用的作用。包含文字水印和图片水印。

3.PDF 签名

PDF 提供了 3 种签名方式:图片签名、输入签名、手写签名。

【真题演练】

1.在 WPS 中可以创建多种类型的 PDF 签名,不支持的是(　　)

A.语音签名　　　　　　　　　B.文字签名

C.图片签名　　　　　　　　　D.手写签名

参考答案:A

006.格式的转换和输出

1.PDF 转 Word 格式

PDF 转 Word 格式支持将 PDF 文件转化成 docx、doc、RTF 格式。

2.PDF 转 Excel 格式

PDF 转 Excel 格式支持将 PDF 文件转化成 xlsx 格式。

3.PDF 转 PPT 格式

PDF 转 PPT 格式支持将 PDF 文件转化成 pptx 格式。

4.PDF 转图片

PDF 转图片格式支持输出 JPG、PNG、BMP、TIF 四种格式。

【真题演练】

1.WPS 中,将 PDF 文件转为文档格式时,不支持的格式为(　　)。

A.dotx　　　　　　　　　　　B.doc

C.RTF　　　　　　　　　　　D.docx

2.WPS 支持的文件格式互相转换操作,不包括( )。

A.PDF 与 Office 互相转换　　B.PDF 与视频互相转换

C.图片与 Office 互相转换　　D.PDF 与图片互相转换

参考答案:AB

03.WPS 云办公云服务　　难度系数★★☆☆☆

001.初识 WPS 云办公

WPS 首页【我的云办公】内可以访问当前账号下所有存储在 WPS 云空间中的文件。只有登录了账号才可以访问云空间。用户在其他设备(例如:其他电脑或移动设备)上登录账号后,也能访问存储在云空间的文件。

002.云备份与云同步

1.文档云同步

文档云同步主要功能是自动备份编辑过的文档,以便在其他设备可以继续编辑文档。

2.同步文件夹

WPS 云能够帮助用户把原本在电脑上的文件同步到 WPS 云空间上,电脑上的文件夹同步到 WPS 云空间后,后续的文件更新、删除等操作将立马同步到 WPS 云空间。

3.桌面云同步

桌面云同步可以使多台设备的桌面文件完全保持一致。

4.WPS 网盘

WPS 网盘是 WPS 云服务在 Windows 系统上提高的接近系统文档管理习惯的云盘工具,网盘不会占用用户的磁盘空间。

5.历史版本管理和恢复

将用户编辑过的文档版本都按时间顺序自动保存在【历史版本】中,方便恢复之前编辑过的版本。

6.云回收站恢复文件

在云回收站中的文件可以进行还原和彻底删除。

【真题演练】

1.要在多个设备间同步最近打开过的文件,正确的操作方法是(　　)。

A.开启"文档云同步"选项

B.使用"历史版本"功能

C.使用"分享"功能

D.设置"同步文件夹"

2.关于 WPS 云文档,描述错误的是(　　)。

A.云文档支持多人实时在线共同编辑

B.云文档可以预览和恢复历史版本

C.云文档需要通过 WPS Office 客户端进行编辑

D.云文档可以通过链接分享给他人

3.下面关于云文档的说法中,错误的是(　　)。

A.云文档是 WPS 为用户提供的硬盘文档储存服务

B.用户可以将文档保存在其中,跨设备无缝同步和访问

C.在开启文档云同步后,可在所有登录了同一账号的设备上无缝同步和访问打开过的文档

D.云文档可以通过链接的形式分享给其他用户

4.下列关于 WPS 云办公服务说法错误的是(　　)。

A.可以实现文档的安全管理

B.可以让电子文档实现同步更新,但必须是同一个终端

C.可以实现多人实时在线协作编辑

D.可以打破终端、时间、地理和文档处理环节的限制

参考答案:ACAB

003.云共享与云协作

1.文档分享

存储在 WPS 云办公中的文件,都能以链接的形式与他人共享。

2.权限管控

如果需要其他人员一起协作文档,可以赋予对方编辑权限,分享的链接还可以设置有效时间。

3.团队管理和组织文件

①创建企业和团队

②共享文件

③成员权限控制

4.多人同时编辑

①查看协作人员和协作记录

②关注文档更新

③远程会议

支持通过链接、二维码、会议接入码等方式邀请他人加入会议。进入远程会议时,点击【共享文档】可以对文档进行共享演示。

【真题演练】

1.下列关于 WPS"远程会议"的叙述中,错误的是( )。

A.会议发起人可以在需要时锁定会议,禁止其他人加入会议

B.会议发起人可以将他人移出会议

C.只有会议发起人可以演示文档

D.可以通过二维码方式邀请他人加入会议

2.下列关于 WPS"协同编辑"的叙述中,错误的是( )。

A.多人可以同时编辑同一文档

B.只有"协同编辑"发起人可以查看当前文档的在线协作人员

C.参与人可以随时收到更新的消息通知

D.参与人可以随时查看文档的协作记录

参考答案:CB

第6章 选择题专题(计算机系统篇)

01.计算机的产生与发展　　　　难度系数★★☆☆☆

001.计算机的发展

1946 年第一台电子计算机在美国宾夕法尼亚大学诞生,称为电子数字积分计算机,简称 ENIAC,用于解决军方在新武器研制中的弹道轨迹计算问题。

冯·诺依曼在第一代计算机基础上进一步研制出 EDVAC,被称为"现代电子计算机之父",他引进了两个重要的概念:二进制和存储程序。

根据冯·诺依曼的原理和思想,计算机由输入设备、存储器、运算器、控制器和输出设备五个部分组成。

根据计算机所采用的电子元器件将计算机分为 4 个阶段。

第一代(1946—1958):主要元器件是电子管;

第二代(1958—1964):主要元器件是晶体管;

第三代(1964—1971):主要元器件是中小规模集成电路;

第四代(1971—至今):主要元器件是大规模、超大规模集成电路。

【真题演练】

1.世界上公认的第一台电子计算机诞生的年代是(　　)。

A.20 世纪 30 年代　　　　　B.20 世纪 40 年代

C.20 世纪 80 年代　　　　　D.20 世纪 90 年代

2.计算机最早的应用领域是(　　)。

A.数值计算　　　　　　　B.辅助工程

C.过程控制　　　　　　　D.数据处理

3.世界上公认的第一台电子计算机诞生在(　　)。

A.中国   B.美国

C.英国   D.日本

4.在冯·诺依曼型体系结构的计算机中引进了两个重要概念,一个是二进制,另外一个是(   )。

A.内存储器   B.存储程序

C.机器语言   D.ASCII 编码

5.按电子计算机元器件发展,第一代至第四代计算机依次是(   )。

A.机械计算机,电子管计算机,晶体管计算机,集成电路计算机

B.晶体管计算机,集成电路计算机,大规模集成电路计算机,光器件计算机

C.电子管计算机,晶体管计算机,中小规模集成电路计算机,大规模和超大规模集成电路计算机

D.手摇机械计算机,电动机械计算机,电子管计算机,晶体管计算机

6.作为现代计算机基本结构的冯·诺依曼体系包括(   )。

A.输入、存储、运算、控制和输出五个部分

B.输入、数据存储、数据转换和输出四个部分

C.输入、过程控制和输出三个部分

D.输入、数据计算、数据传递和输出四个部分

参考答案:BABBCA

002.计算机的特点、用途和分类

计算机的特点:①高速、精确的运算能力;②准确的逻辑判断能力;③强大的存储能力;④自动功能;⑤网络与通信功能。

计算机的应用领域:科学计算、数据/信息处理、过程控制、计算机辅助、网络通信、人工智能等。

计算机辅助是计算机应用的一个非常广泛的领域:计算机辅助设计(CAD)、计算机辅助制造(CAM)、计算机辅助教育(CAI)、计算机辅助技术(CAT)、计算机仿真模拟(Simulation)等。

003.计算机的分类

按计算机的性能、规模和处理能力分为:巨型机、大型通用机、微型计算机、工作站和服务器。

按计算机的用途分为:通用计算机和专用计算机。

【真题演练】

1.某企业需要为普通员工每人购置一台计算机,专门用于日常办公,通常选购的机型是(　　)。

A.超级计算机　　　　　　　B.大型计算机

C.微型计算机(PC)　　　　　D.小型计算机

2.下列的英文缩写和中文名字的对照中,正确的是(　　)。

A.CAD-计算机辅助设计　　　B.CAM-计算机辅助教育

C.CIMS-计算机集成管理系统　D.CAI-计算机辅助制造

参考答案:CA

004.未来的计算机

未来的计算机将朝着巨型化、微型化、网络化和智能化方向发展。

未来计算机的发展趋势:①模糊计算机;②生物计算机;③光子计算机;④超导计算机;⑤量子计算机。研究量子计算机的目的是为了解决计算机中的能耗问题。

【真题演练】

1.研究量子计算机的目的是为了解决计算机中的(　　)。

A.速度问题　　　　　　　　B.存储容量问题

C.计算精度问题　　　　　　D.能耗问题

参考答案:D

005.电子商务

电子商务进行分类:①企业之间的电子商务(B2B);②企业与消费者间的电子商务(B2C);③消费者与消费者之间的电子商务(C2C);④代理商、商家和消费者三者之间的电子商务(ABC);⑤线上与线下结合的电子商务(O2O)。

【真题演练】

1.缩写 O2O 代表的电子商务模式是(　　)。

A.企业与企业之间通过互联网进行产品、服务及信息的交换

B.代理商、商家和消费者三者共同搭建的集生产、经营、消费为一体的电子商务平台

C.消费者与消费者之间通过第三方电子商务平台进行交易

D.线上与线下相结合的电子商务

2.企业与企业之间通过互联网进行产品、服务及信息交换的电子商务模式是(　　　)。

A.B2C　　　　　B.O2O　　　　　C.B2B　　　　　D.C2B

3.消费者与消费者之间通过第三方电子商务平台进行交易的电子商务模式是(　　　)。

A.C2C　　　　　B.O2O　　　　　C.B2C　　　　　D.B2C

参考答案:DCA

02.信息的存储与表示　　　难度系数★★☆☆☆

001.计算机中的数据

计算机内部的数据以二进制表示,用 0 和 1 两个数字表示,逢二进一。计算机中最小的单位是 b(位),存储容量的基本单位是 B(字节)。8 个二进制位称为 1 个字节。

①位:位是度量数据的最小单位,在数字电路和计算机技术中采用二进制表示数据,代码只有 0 和 1。

②字节:一个字节由 8 个二进制数字组成。存储容量统一以"字节"为单位,而不是以"位"为单位。

千字节 $1KB=1024B=2^{10}B$

兆字节 $1MB=1024KB=2^{20}B$

吉字节 $1GB=1024MB=2^{30}B$

太字节 $1TB=1024GB=2^{40}B$

③字长:人们将计算机一次能够并行处理的二进制数称为该机器的字长。字长是计算机的一个重要指标,直接反映一台计算机的计算能力和精度。

【真题演练】

1.在计算机中,组成一个字节的二进制位位数是(　　　)。

A.1　　　　　B.2　　　　　C.4　　　　　D.8

2.小明的手机还剩余 6GB 存储空间,如果每个视频文件为 280MB,他可以下载到手机中的视频文件数量为(　　)。

A.60　　　　　B.21　　　　　C.15　　　　　D.32

3.字长作为 CPU 的主要性能指标之一,主要表现在(　　)。

A.CPU 计算结果的有效数字长度

B.CPU 一次能处理的二进制数据的位数

C.CPU 最长的十进制整数的位数

D.CPU 最大的有效数字位数

4.计算机中数据的最小单位是(　　)。

A.字长　　　　B.字节　　　　C.位　　　　　D.字符

5.计算机中组织和存储信息的基本单位是(　　)。

A.字长　　　　B.字节　　　　C.位　　　　　D.编码

参考答案:DBBCB

002.进制

二进制:用 0 和 1 表示,基数为 2,进位规则是"逢二进一"(数字后显示 B, 表示二进制数)。

八进制:每三位二进制数,组成一个八进制数（0—7）(数字后显示 Q,表示八进制数)。

十六进制:每四位二进制数,组成一个十六进制数(0—9, a—f)(数字后显示 H,表示十六进制数)。

十进制转化为二进制

方法:十进制数除 2 取余法。即十进制数除 2,余数为权位上的数,得到的商值继续除 2,直到商值为 0 为止。

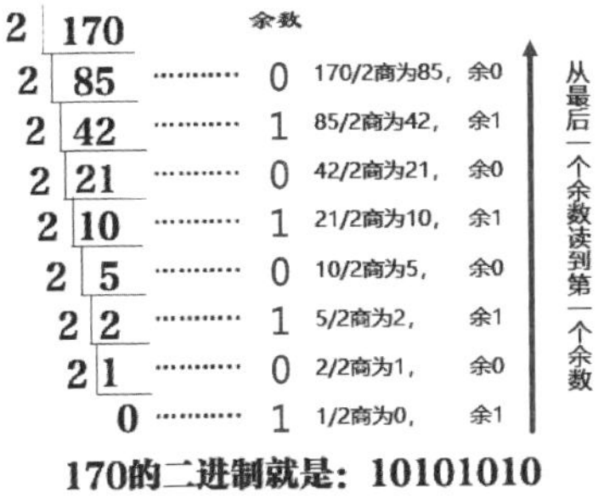

图 6-1　十进制转化为二进制

二进制转化为十进制

例子：$(37)_2 = 3 * 2^1 + 7 * 2^0 = (6)_{10}$

【真题演练】

1.计算机中所有的信息的存储都采用（   ）。

A.二进制   B.八进制   C.十进制   D.十六进制

2.将十进制数 35 转换成二进制数是（   ）。

A.100011B   B.100111B   C.111001B   D.110001B

3.在一个非零无符号二进制整数之后添加一个 0，则此数的值为原数的（   ）。

A.4 倍   B.2 倍   C.1/2 倍   D.1/4 倍

4.假设某台计算机的硬盘容量为 20GB，内存储器的容量为 128MB，那么，硬盘的容量是内存容量的（   ）倍。

A.200   B.120   C.160   D.100

5.下列各进制的整数中，值最小的是（   ）。

A.十进制数 11   B.八进制数 11

C.十六进制数 11   D.二进制数 11

参考答案：AABCD

003.字符编码

ASCII 码值，称为美国信息交换标准代码，是字符编码的一种。ASCII 码分 7 位码和 8 位码两种版本，都用个字节存放，国际通用的标准 ASCII 码是 7 位码（最高位是 0），共 128 种编码值（2^7），可表示 128 种字符。各种字符 ASCII 码的大小关系如下：

控制字符＜空格＜数字字符＜大写字母＜小写字母（小写字母的码值比大写字母的码值大 32）。

004.汉字的编码

一个国标码需要两个字节来表示，每个字节的最高位为 0。

区位码也称为国际区位码，是国标码的一种变形。区位码是 4 位的十进制数字，由区码和位码组成。

外码：人们通过键盘输入内容（拼音，五笔，双拼）。

内码:在计算机内部对汉字进行处理、存储和传输而编制的汉字编码。

汉字的国际码与其内码的关系是:汉字内码＝汉字国际码＋8080H

【真题演练】

1.在微机中,西文字符所采用的编码是(　　)。

A.EBCDIC 码　　B.ASCII 码　　　C.国标码　　　　D.BCD 码

2.汉字的国标码与其内码存在的关系是:汉字的内码＝汉字的国际码＋(　　)。

A.1010H　　　　B.8081H　　　　C.8080H　　　　D.8180H

3.在拼音输入法中,输入拼音"zhengchang",其编码属于(　　)。

A.字形码　　　　B.地址码　　　　C.外码　　　　　D.内码

参考答案:BCC

03.计算机硬件系统　　　　难度系数★★☆☆☆

计算机硬件由运算器、控制器、存储器、输入设备和输出设备 5 个部分组成。其中,运算器和控制器是计算机的核心部件,这两部分合称中央处理器,简称 CPU。计算机的性能由 CPU 品质的高低决定,而 CPU 的品质主要由主频与字长决定。

001.运算器

运算器,是计算机处理数据形成信息的加工厂,它的主要功能是对二进制数码进行算术运算或逻辑运算。

运算器是衡量整个计算机性能的因素之一,其性能指标包括计算机的字长和运算速度。

①字长:指计算机一次能同时处理的二进制数据的位数。

②运算速度:通常可用每秒钟所能执行加法指令的条数来表示。常用的单位是百万次/秒。

002.控制器

控制器负责统一控制计算机,指挥计算机的各个部件自动、协调一致地进行工作。计算机的工作过程就是按照控制器的控制信号,自动有序地执行指令。

机器指令是一个按照一定格式构成的二进制代码串,用于描述一个计算机可以理解并执行的基本操作。计算机只能执行命令,它被指令所控制。机器指令通常由操作码和操作数两部分组成。

①操作码:指明指令所要完成操作的性质和功能。

②操作数:指明操作码执行时的操作对象。操作数的形式可以是数据本身,也可以是存放数据的内存单元地址或寄存器名称。

【真题演练】

1.在微型计算机中,控制器的基本功能是(　　)。

A.实现算术运算

B.存储各种信息

C.控制机器各个部件协调一致工作

D.保持各种控制状态

2.一个完整的计算机系统应当包括(　　)。

A.计算机与外设　　　　　B.硬件系统与软件系统

C.主机,键盘与显示器　　D.系统硬件与系统软件

3.CPU 主要技术性能指标有(　　)。

A.字长、主频和运算速度　B.可靠性和精度

C.耗电量和效率　　　　　D.冷却效率

参考答案:CBA

003.存储器

存储器是计算机系统的记忆设备,可存储程序和数据。存储器包含以下几个组成部分:

1.寄存器

寄存器通常位于 CPU 内部,用于保存机器指令的操作数,寄存器价格昂贵导致存储空间有限。但由于存取速度非常快,使其不可或缺。

2.高速缓冲存储器

简称缓存,是存在于内存与 CPU 之间的一种存储器,容量小但存取速度比内存快得多,缓存的存在有效地解决了内存与 CPU 之间速度不匹配的问题。

3.内存储器

内存储器:内存是主板上的存储部件,用来存储当前正在执行的程序和程序所用数据空间,内存容量小,存取速度快,CPU 可以直接访问和处理内存储器。

内存储器又分为随机存储器(RAM)和只读存储器(ROM)。RAM 既可以进行读操作,也可以进行写操作。但在断电后其中的信息全部消失。ROM 中存放的信息只读不写,里面一般存放由计算机制造厂商写入并经固定化处理的系统管理程序。

4.外存储器

外存的容量一般比较大,而且大部分可以转移,便于在不同计算机之间进行交流。存放外存的程序必须调入内存才能运行,CPU 不能直接访问外存。计算机常用的外存有硬盘、光盘、U 盘等。外存有速度慢、价格低、容量大等特点。

①硬盘:一个硬盘包含多个盘片,这些盘片被安排在一个同心轴上,每个盘片分上下两个盘面,每个盘面以圆心为中心,在表面上被分为许多同心圆,称为磁道。磁道最外圈编号为 0,依次向内圈编号逐渐增大。不同盘片相同编号的磁道(半径相同)所组成的圆柱称为柱面,显然柱面数与每盘面被划分的磁道数相等。

一个硬盘的容量=磁头数(H)×柱面数(C)×每磁道扇区数(S)×每扇区字节数(B)

②光盘:分为两类:一类是只读型光盘;另一类是可记录型光盘。

只读型光盘包括 CD-ROM 和 DVD-ROM 等,它们是用一张母盘压制而成的。上面的数据只能被读取不能被写入或修改。其中 CD-R 是一次性写入光盘,它只能被写入一次,写完后数据便无法再被改写,但可以被多次读取。CD-RW 是可擦写型光盘。

【真题演练】

1.微机中访问速度最快的存储器是(　　　)。

A.CD-ROM　　　B.硬盘　　　　　C.U 盘　　　　　　D.内存

2.光盘是一种已广泛使用的外存储器,英文缩写 CD-ROM 指的是(　　　)。

　A.只读型光盘　　　　　　　　B.一次写入光盘

C.追记型读写光盘 　　　　　D.可抹型光盘

3.下列关于磁道的说法中,正确的是(　　　)。

A.盘面上的磁道是一组同心圆

B.由于每一磁道的周长不同,所以每一磁道的存储容量也不同

C.盘面上的磁道是一条阿基米德螺线

D.磁道的编号是最内圈为 0,并次序有内向外逐渐增大,最外圈的编号最大

参考答案:DAA

004.输入/输出设备

1.输入设备:输入设备是向计算机输入数据和信息的装置,用于向计算机输入原始数据和处理数据的程序。常用的输入设备有键盘、鼠标、触摸屏、摄像头、扫描仪、光笔、手写输入板、游戏杆、语音输入装置,还有脚踏鼠标、手触输入、传感等。

2.输出设备:输出设备的功能是将各种计算结果数据或信息以数字、字符、图像、声音等形式表示出来。输出设备的种类也很多,常见的有显示器、打印机、绘图仪、影像输出系统、语音输出系统、磁记录设备等。

【真题演练】

1.手写板或鼠标属于(　　　)。

A.输入设备　　B.输出设备　　C.中央处理器　D.存储器

2.下列设备组中,完全属于输入设备的一组是(　　　)。

A.CD-ROM 驱动器,键盘,显示器

B.绘图仪,键盘,鼠标器

C.键盘,鼠标器,扫描仪

D.打印机,硬盘,条码阅读器

3.计算机硬件主要包括:运算器,控制器,存储器,输入设备和(　　　)。

A.键盘　　　　B.鼠标　　　　C.显示器　　　D.输出设备

参考答案:ACD

005.计算机的总线结构

总线就是系统部件之间传送信息的公共通道,各部件由总线连接并通过它传递数据和控制信号。总线分为 3 种:数据总线(单线)、地址总线、控制总线。分别用于传送数据信息、地址信息、控制命令信息。

数据总线是 CPU 和主存储器、I/O 接口之间双向传送数据的通道,通常与 CPU 的位数相对应。地址总线用于传送地址信息,地址是识别存放信息位置的编号。地址总线的位数决定了 CPU 可以直接寻址的内存范围。

通用串行总线(USB)是连接主机与外部折本的一种串口总线标准,为不同的设备提供统一的连接接口,且支持热插拔。USB2.0 的理论最大传输带宽为 480Mbps,而 USB 3.0 的理论最大传输带宽可达 5.0Gbps,新一代的 USB 3.1 最大传输带宽可高达 10Gbps。

【真题演练】

1.计算机系统总线是计算机各部件间传递信息的公共通道,它分( )。

A.数据总线和控制总线

B.地址总线和数据总线

C.数据总线、控制总线和地址总线

D.地址总线和控制总线

2.现代计算机普遍采用总线结构,包括数据总线、地址总线、控制总线,通常与数据总线位数对应相同的部件是( )。

A.CPU　　　　B.存储器　　　　C.地址总线　　　D.控制总线

3.USB3.0 接口的理论最快传输速率为( )。

A.5.0Gbps　　　B.3.0Gbps　　　C.1.0Gbps　　　D.800Mbps

参考答案:CAA

006.数据的表示

计算机中以二进制的形式储存表示数据。

定点数分为无符号数和有符号数,表示范围与机器的位数相关。

无符号数是指非负整数,机器字节的的全部位数均用来表示数值的大小,相当于数的绝对值。字长为 n 位的无符号数的表示范围是 $0 \sim 2^n - 1$。

带符号数的表示:规定二进制的最高位为符号为,最高位为"0"表示正数,为"1"表示负数。这种在机器中将符号位数码化的数称为机器数。

根据符号位和数值位的编码方法不同,机器数有三种表示方法:原码、补码、反码。

原码表示:最高位为符号位,0 表示正数,1 表示负数,数值跟随其后,并以绝对值的形式给出。

反码表示:正数的反码和原码相同。负数的反码是对该数的原码除符号位外的各位取反。一个数的反码的反码还是原码本身。

补码表示:正数的补码和原码相同。负数的补码是在该数的反码的最后一位上加 1。一个数的补码的补码还是原码本身。

定点数还有偏移码表示:不管是正数还是负数,其补码的符号位取反即是偏移码。

007.I/O 方式

①程序查询方式

程序查询输入/输出(I/O)设备是否准备好。若准备好,则 CPU 执行 I/O 操作。否则 CPU 会一直查询并等待设备准备好后执行 I/O 操作,CPU 大部分时间处于等待状态,系统效率不高。

②程序中断方式

执行程序的过程中,当出现异常或特殊情况时,CPU 停止当前程序的运行,转而执行对这些情况进行处理的程序(称为中断服务处理程序),处理结束后,再返回到现行程序的断点处继续运行。

③DMA 方式

直接内存存取是 I/O 设备与主存储器之间由硬件组成的直接数据通路。用于高速 I/O 设备和主存之间的成组数据传送。

④通道方式

通道是一个独立于 CPU 的专门管理 I/O 的处理机。进一减轻了 CPU 的工作负担,增加了计算机系统的并行工作程度。

【真题演练】

1.I/O 方式中的通道是指(　　　)。

A.I/O 设备与主存之间的通信方式

B.I/O 设备与主存之间由硬件组成的直接数据通路,用于成组数据传送

C.程序运行结果在 I/O 设备上的输入输出方式

D.在 I/O 设备上输入输出数据的程序

2.I/O 方式中的程序查询方式是指(　　　)。

A.当 CPU 需要执行 I/O 操作时,程序将主动查询 I/O 设备是否准备好

B.在程序执行前系统首先检查该程序运行中所需要的 I/O 设备是否准备好

C.用程序检查系统中 I/O 设备的好坏

D.用程序启动 I/O 设备

3.I/O 方式中的程序中断方式是指(　　　)。

A.当出现异常情况时,计算机将停机

B.当出现异常情况时,CPU 将终止当前程序的运行

C.当出现异常情况时,CPU 暂时停止当前程序的运行,转向执行相应的服务程序

D.当出现异常情况时,计算机将启动 I/O 设备

参考答案:BAC

04.计算机软件系统　　　　难度系数★★☆☆☆

软件系统是为运行、管理和维护计算机而编制的各种程序、数据和文档的总称。软件是计算机的灵魂,没有软件的计算机毫无用处。软件是用户与硬件之间的接口,用户通过软件使用计算机硬件资源。

001.程序

程序是按照一定顺序执行、能够完成某一任务的指令集合。

程序设计语言:

①机器语言:直接用二进制代码指令表达的计算机语言。机器语言是唯一能被计算机硬件系统理解和执行的语言,效率高。

②汇编语言:相对于机器指令,汇编指令更容易掌握。但计算机无法自动识别和执行汇编语言,必须翻译成机器语言。

③高级语言:高级语言是最接近人类自然语言和数学公式的程序设计语言,它基本脱离了硬件系统。用高级语言编写的源程序在计算机中是不能直接执行的,必须翻译成机器语言程序。通常有两种翻译方式:编译方式和解释方式。

【真题演练】

1.计算机能直接识别和执行的语言是(　　　)。

A.机器语言　　　　　　　　B.高级语言

C.汇编语言　　　　　　　　D.数据库语言

2.下列都属于计算机低级语言的是(　　　)。

A.机器语言和高级语言　　　B.机器语言和汇编语言

C.汇编语言和高级语言　　　D.高级语言和数据库语言

3.编译程序的最终目标是(　　　)。

A.发现源程序中的语法错误

B.改正源程序中的语法错误

C.将源程序编译成目标程序

D.将某一高级语言程序翻译成另一高级语言程序

4.可以将高级语言的源程序翻译成可执行程序的是(　　　)。

A.库程序　　　　　　　　　B.编译程序

C.汇编程序　　　　　　　　D.目标程序

5.从用户的观点看,操作系统是(　　　)。

A.用户与计算机之间的接口

B.控制和管理计算机资源的软件

C.合理地组织计算机工作流程的软件

D.由若干层次的程序按照一定的结构组成的有机体

参考答案:ABCBA

002.软件系统

1.系统软件

①操作系统:系统软件中最主要的是操作系统,常用的操作系统有Windows、Unix、Linux、DOS、MacOS等。

②语言处理系统:主要包括机器语言、汇编语言、高级语言。

③数据库管理程序:数据库管理程序是应用最广泛的软件,用来建立、存储、修改和存取数据库中的信息。

2.应用软件

①办公软件:办公软件是日常办公需要的一些软件,常见的办公软件套件包括微软公司的 Microsoft Office 和金山公司的 WPS。

②多媒体处理软件:多媒体处理软件主要包括图形处理软件、图像处理软件、动画制作软件、音视频处理软件、桌面排版软件等。

③Internet 工具软件:基于 Internet 环境的应用软件,如 Web 服务软件,Web 浏览器,文件传送工具 FIP、远程访问工具 Telnet 等。

【真题演练】

1.JAVA 属于(　　)。

A.操作系统　　　　　　　　B.办公软件

C.数据库系统　　　　　　　D.计算机语言

2.下列软件中,属于系统软件的是(　　)。

A.航天信息系统　　　　　　B.Office2003

C.WindowsVista　　　　　　D.决策支持系统

参考答案:DC

003.操作系统

1.发展过程

操作系统发展过程,如表 6-1 所示。

表 6-1　操作系统的发展

阶段名称	阶段特征
手工操作	需要手动操作计算机工作
批处理操作系统	计算机能够自动地、成批地处理一个或多个用户作业的系统
多道程序系统	同时将多个相互独立的程序放到计算机内存中,在管理程序控制下,使它们相互交叉运行的系统
分时系统	多用户交互式的操作系统,通常采用时间片轮转策略为用户服务
个人计算机操作系统	联机交互的单用户操作系统

2.进程管理

进程状态包含运行、就绪、阻塞、创建、终止五种状态。

进程的特点:动态性、并发性、独立性、结构性。

3.存储管理

①连续存储管理:分成固定分区和可变分区(动态分区),固定分区管理简单,对硬件要求较低,但容易产生内部碎片。可变分区能有效地避免每个分区对存储空间利用不充分的问题,但容易产生外部碎片。

②分页式存储管理:能有效解决碎片问题。

③分段式存储管理:能有效地解决程序员编程、用户资源共享和信息保护等问题。

④段页式存储管理:有效地提高内存的利用率并实现了段的共享。

⑤虚拟存储器管理:能从逻辑上对内存容量加以扩充的一种存储器系统,使得存储系统拥有接近外存的容量和接近内存的访问速度。

4.文件管理

文件管理包含文件系统和文件目录。

①文件系统:负责存取和管理文件信息的软件机构。

②文件目录:为了根据文件名存取文件,建立的文件名和外存空间的物理地址的对应关系,称为文件目录。

5.I/O 设备管理

I/O 设备分成硬件、中断处理程序、设备驱动程序、设备无关的 I/O

软件、用户程序五个层次。

【真题演练】

1.下列叙述中错误的是(　　)。

A.虚拟存储器的空间大小就是实际外存的大小

B.虚拟存储器的空间大小取决于计算机的访存能力

C.虚拟存储器使存储系统既具有相当于外存的容量又有接近于主存的访问速度

D.实际物理存储空间可以小于虚拟地址空间

2.不属于操作系统基本功能的是(　　)。

A.设备管理　　　　　　　　　B.进程管理

C.存储管理　　　　　　　　　D.数据库管理

参考答案:AD

第7章 选择题专题(公共基础篇)

01.数据结构与算法

难度系数★★★★☆

001.算法

算法是指解题方案的准确而完整的描述法。

1.算法的特征

①可行性:基本运算必须执行有限次来实现。

②确定性:算法的每一步都是明确的,都必须有明确定义,不能有模棱两可的解释。

③有穷性:算法必须能在有限的时间内做完。

④输入与输出:一个算法有 0 个或多个输入,有一个或多个输出。

2.算法的基本组成要素

①数据对象的运算和操作:包括算术运算、逻辑运算、关系运算和数据传输(赋值、输入和输出)等。

②算法的控制结构:即算法各操作步骤之间的执行顺序,一般是由顺序结构、选择结构(或分支结构)、循环结构三种基本结构组合而成的。

3.算法复杂度

①算法的时间复杂度:指执行算法所需要的运算次数或工作量。

②算法的空间复杂度:指执行这个算法所需要的存储空间。

二者之间没有直接关系。

【真题演练】

1.算法的有穷性是指(　　　)。

A.算法程序的运行时间是有限的

B.算法程序所处理的数据量是有限的

C.算法程序的长度是有限的

D.算法只能被有限的用户使用

2.下列叙述中正确的是(　　　)。

A.一个算法的空间复杂度大,则其时间复杂度也必定大

B.一个算法的空间复杂度大,则其时间复杂度必定小

C.一个算法的时间复杂度大,则其空间复杂度必定小

D.算法的时间复杂度与空间复杂度没有直接关系

3.算法的时间复杂度是指(　　　)。

A.算法的执行时间

B.算法所处理的数据量

C.算法程序中的语句或指令条数

D.算法在执行过程中所需要的基本运算次数

参考答案：ADD

002.数据结构

数据结构指数据在计算机中如何表示、存储、管理,各数据元素之间具有怎样的关系、怎样互相运算等。

1.数据结构分类

①逻辑结构:各数据元素之间所固有的前后逻辑关系(与存储位置无关)。

②存储结构:指数据的逻辑结构在计算机中的表示和存放形式。包含顺序存储和链式存储,链式存储可以使数据插入和删除的效率更高。

2.线性结构和非线性结构

①线性结构:即各数据元素具有“一对一”关系的数据结构,包括数组、线性链表、栈、队列等。

线性结构的条件:

a.有且只有一个根结点;

b.每一个结点最多有一个前件,也最多有一个后件。

②非线性结构:前后件的关系是“一对多”或“多对多”,包括二维数组、多维数组、广义表、树(二叉树)、图等。

【真题演练】

1.下列数据结构中,属于非线性结构的是(　　)。

A.循环队列　　　B.带链队列　　　C.二叉树　　　　D.带链栈

2.设数据元素的集合 D＝{1,2,3,4,5},则满足下列关系 R 的数据结构中为线性结构的是(　　)。

A.R＝{(1,2),(3,4),(5,1)}

B.R＝{(1,3),(4,1),(3,2),(5,4)}

C.R＝{(1,2),(2,3),(4,5)}

D.R＝{(1,3),(2,4),(3,5)}

参考答案:CB

003.线性表

线性表是最简单、最常用的一种数据结构,线性表是一种线性结构。

1.非空线性表的结构特征

①有且只有一个根结点,它无前件。

②有且只有一个终端结点,它无后件。

③除根结点与终端结点外,其他所有结点有且只有一个前件,也有且只有一个后件。线性表中结点的个数 n 称为线性表的长度。当 n＝0 时,称为空表。

2.线性表的顺序存储结构特点

①线性表中所有元素所占的存储空间是连续的。

②线性表中各数据元素在存储空间中是按逻辑顺序依次存放的。

【真题演练】

1.下列叙述中错误的是(　　)。

A.向量是线性结构

B.非空线性结构中只有一个结点没有前件

C.非空线性结构中只有一个结点没有后件

D.只有一个根结点和一个叶子结点的结构必定是线性结构

2.下列叙述中正确的是( )。

A.有一个以上根结点的数据结构不一定是非线性结构

B.只有一个根结点的数据结构不一定是线性结构

C.循环链表是非线性结构

D.双向链表是非线性结构

参考答案:DB

004.栈

栈实际上也是线性表,它所有的插入与删除都限定在表的同一端进行,允许插入与删除的一端称为栈顶(top);不允许插入与删除的另一端称为栈底(bottom);当栈中没有元素时,称为空栈。

栈的插入原则是"先进后出"或"后进先出"。

栈具有记忆作用,程序设计中的子程序调用、函数调用、递归调用等都是通过栈来实现的。

栈的基本运算有入栈运算、出栈运算、读栈顶数据元素。

①入栈运算:往栈中插入一个数据元素。

②出栈运算:从栈中删除一个数据元素。

③读栈顶数据元素:将栈顶数据元素的值赋给某个变量,如图 7-1 所示。

图 7-1 栈的基本运算

【真题演练】

1.下列关于栈的叙述正确的是(　　　)。

A.栈按"先进先出"组织数据

B.栈按"先进后出"组织数据

C.只能在栈底插入数据

D.不能删除数据

参考答案:B

005.队列

1.队列规则

队尾允许进行插入操作,队头允许进行删除操作,按"先进先出,后进后出"的规则,如图 7-2 所示。

图 7-2　队列进出规则

2.循环队列

循环队列是将队列的存储空间的最后一个位置绕到第一个位置,形成逻辑上的环状空间,如图 7-3 所示。

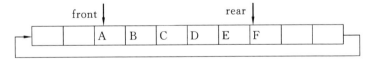

图 7-3　循环队列

循环队列中元素个数的计算方法(重点)

当 rear>front 时,元素个数等于 rear-front;

当 rear=front 时,循环队列个数等于 0 或者 c(循环队列的容量);

当 rear<front 时,循环队列个数等于 c-|front-rear|即总容量-差值的绝对值。

【真题演练】

1.设循环队列的存储空间为 Q（1:50），初始状态为 front＝rear＝50。经过一系列正常的操作后，front－1＝rear。为了在该队列中寻找值最大的元素，在最坏情况下需要的比较次数为（　　　）。

A.0　　　　　　　B.1　　　　　　　C.48　　　　　　　D.49

2.下列叙述中正确的是（　　　）。

A.在循环队列中，队头指针和队尾指针的动态变化决定队列的长度

B.在循环队列中，队尾指针的动态变化决定队列的长度

C.在带链的队列中，队头指针与队尾指针的动态变化决定队列的长度

D.在带链的栈中，栈顶指针的动态变化决定栈中元素的个数

参考答案:CA

006.线性链表

线性链表是线性表的链式存储结构，简称链表。

链表相比顺序表优点：

①链表在插入或删除运算中不用移动大量数据元素，因此运算效率高。

②链表存储空间可以动态分配且易于扩充。

【真题演练】

1.下列叙述中正确的是（　　　）。

A.线性表的链式存储结构与顺序存储结构所需要的存储空间是相同的

B.线性表的链式存储结构所需要的存储空间一般要多于顺序存储结构

C.线性表的链式存储结构所需要的存储空间一般要少于顺序存储结构

D.线性表的链式存储结构与顺序存储结构在存储空间的需求上没有可比性

2.线性表的链式存储结构与顺序存储结构相比,链式存储结构的优点有( )。

A.节省存储空间　　　　　　B.插入与删除运算效率高

C.便于查找　　　　　　　　D.排序时减少元素的比较次数

参考答案:BB

007.树与二叉树

1.树

树是一种简单的非线性结构,其数据元素之间具有明显的层次结构。

树的结点分为:根结点、分支结点、叶子结点。除根结点和叶子结点外,每个结点只有一个前件(前驱),多个后件(后继)。

每个节点的唯一前驱结点称为该结点的父节点,多个后继结点称为该结点的子结点。父结点相同的互称兄弟结点。

一个结点的后件的个数称为该结点的度(分支度),所有结点中最大的度称为树的度。树的最大层次称为树的深度。

2.二叉树

①在二叉树的第 k 层上最多有 $2^{k-1}(k \geqslant 1)$ 个结点。

②深度为 m 的二叉树最多有 $2^m - 1(m \geqslant 1)$ 个结点。

③对于任何二叉树而言,度为 0(叶子结点)的结点总是比度为 2 的结点多一个。

④具有 n 个结点的二叉树深度至少为 $\lceil \log_2 n \rceil + 1$,其中,$\lceil \log_2 n \rceil$ 表示取 $\log_2 n$ 的整体部分。

3.满二叉树

满二叉树在第 k 层上有 2^{k-1} 个结点,深度为 m 的满二叉树有 $2^m - 1$ 个结点。

4.完全二叉树

完全二叉树是指除了最后一层外,每一层上的所有结点都有两个子结点,在最后一层上只缺少右边的若干结点。完全二叉树中,度为 1 的结点个数,不是 0 就是 1。

若完全二叉树具有 n 个结点,且从根结点开始,按层次从左到右用 $1, 2, \cdots, n$ 给结点进行编号,则对于编号为 $k(1 \leqslant k \leqslant n)$ 的结点有以下结论。

①若 $k=1$,则该结点为根结点,它没有父结点;若 $k>1$,则该结点的父结点的编号为 $INT(k/2)$。

②若 $2k \leqslant n$,则编号为 k 的左子结点编号为 $2k$;否则该结点无左子结点(显然也没有右子结点)。

③若 $2k+1 \leqslant n$,则编号为 k 的右子结点编号为 $2k+1$;否则该结点无右子结点。

5.二叉树的遍历

二叉树的遍历是指不重复地访问二叉树中所有的结点,根据遍历方式的不同,可分为前序遍历、中序遍历和后序遍历,各遍历方式如下:

①前序遍历首先访问根结点,然后遍历左子树,最后遍历右子树(根左右);

②中序遍历首先遍历左子树,然后访问根结点,最后遍历右子树(左根右);

③后序遍历首先遍历左子树,然后遍历右子树,最后访问根结点(左右根)。

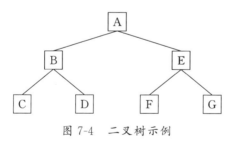

图 7-4　二叉树示例

如图 7-4 所示,该二叉树的前序:ABCDEFG;中序:CBDAFEG;后序:CDBFGEA。

【真题演练】

1.下列关于二叉树的叙述中,正确的是(　　　)。

A.叶子结点总是比度为 2 的结点少一个

B.叶子结点总是比度为 2 的结点多一个

C.叶子结点数是度为 2 的结点数的两倍

D.度为 2 的结点数是度为 1 的结点数的两倍

2.一棵二叉树共有 25 个结点,其中 5 个是叶子结点,则度为 1 的结点数为(　　)。

A.16　　　　　B.10　　　　　C.6　　　　　D.4

3.某二叉树的前序序列为 ABCD,中序序列为 DCBA,则后序序列为(　　)。

A.BADC　　　　B.DCBA　　　　C.CDAB　　　　D.ABCD

参考答案:BAB

008.查找技术

1.顺序查找

长度为 n 的线性表,查找一个数据最坏需查找 n 次,平均需要查找 $n+1/2$;

长度为 n 的线性表,查找最大(最小)值需查找 $n-1$ 次。

2.二分法查找

二分法查找也称对分查找,它只适用于顺序存储结构的有序线性表,且该有序线性表的数据元素按值非递减排列(即从小到大,但允许相邻元素相等)。

在最坏情况下,二分法查找只需要查找 $\log_2 n$ 次。

【真题演练】

1.下列算法中均以比较作为基本运算,则平均情况与最坏情况下的时间复杂度相同的是(　　)。

A.在顺序存储的线性表中寻找最大项

B.在顺序存储的线性表中进行顺序查找

C.在顺序存储的有序表中进行对分查找

D.在链式存储的有序表中进行查找

2.在长度为 n 的顺序表中查找一个元素,假设需要查找的元素有一半的机会在表中,并且如果元素在表中,则出现在表中每个位置上的可能性是相同的。则在平均情况下需要比较的次数大约为(　　)。

A.$3n/4$　　　　B.n　　　　C.$n/2$　　　　D.$n/4$

参考答案:AA

009.排序技术

排序分类以及对应的时间复杂度,如表 7-1 所示。

表 7-1　排序分类

类别	排序方法	时间复杂度
交换类	冒泡排序	$N(N-1)/2$
	快速排序	$N(N-1)/2$
插入类	简单插入排序	$N(N-1)/2$
	希尔排序	$O(n^{1.5})$
选择类	简单选择排序	$N(N-1)/2$
	堆排序	$O(n\mathrm{Log}_2 n)$

【真题演练】

1.下列排序方法中,最坏情况下比较次数最少的是(　　)。

A.冒泡排序　　　　　　　　　　B.简单选择排序

C.直接插入排序　　　　　　　　D.堆排序

2.对长度为 n 的线性表排序,在最坏情况下,比较次数不是 $n(n-1)/2$ 的排序方法是(　　)。

A.快速排序　　　　　　　　　　B.冒泡排序

C.直接插入排序　　　　　　　　D.堆排序

3.对长度为 10 的线性表进行冒泡排序,最坏情况下需要比较的次数为(　　)。

A.9　　　　　　　B.10　　　　　　C.45　　　　　　D.90

参考答案:DDC

02.程序设计基础　　　　　　　难度系数★★★★☆

001.程序设计方法

常用的程序设计方法有结构化程序设计方法、面向对象方法和软件工程方法。

良好的程序设计风格:清晰第一、效率第二(注意顺序)。

002.结构化程序设计

1.结构化程序设计的原则

结构化程序设计的原则可以概括为自顶向下、逐步求精、模块化、限制使用 goto 语句。

2.结构化程序的基本控制结构

程序设计语言主要使用顺序结构、选择结构和循环结构这 3 种基本控制结构。

3.结构化程序设计原则和方法的应用

在结构化程序设计的具体实施中,需要注意以下几点:

(1)使用程序设计语言的顺序结构、选择结构、循环结构等优先的控制结构表示程序的控制逻辑。

(2)选用的控制结构只能有一个入口和一个出口。

(3)使用程序语句组成容易识别的块,每块只有一个入口和一个出口。

(4)应用嵌套的基本控制结构进行组合嵌套来实现复杂结构。

(5)应采用前后一致的方法模拟语言中没有的控制结构。

(6)严格控制 goto 语句的使用。

【真题演练】

1.结构化程序设计强调( )。

A.程序的易读性　　　　　　　B.程序的效率

C.程序的规模　　　　　　　　D.程序的可复用性

2.结构化程序设计的基本原则不包括( )。

A.多态性　　　B.自顶向下　　　C.模块化　　　D.逐步求精

3.下面不属于结构化程序设计风格的是( )。

A.程序结构良好　　　　　　　B.程序的易读性

C.不滥用 goto 语句　　　　　　D.程序的执行效率

4.结构化程序的三种基本结构是( )。

A.递归、迭代和回溯　　　　　　B.过程、函数和子程序

C.顺序、选择和循环　　　　　D.调用、返回和选择

5.结构化程序所要求的基本结构不包括(　　)。

A.顺序结构　　　　　　　　B.GOTO 跳转

C.选择(分支)结构　　　　　D.重复(循环)结构

参考答案:AADCB

003.面向对象的程序设计

对象是实体的抽象,由对象名、属性、操作三部分组成,属性即对象所包含的信息,操作描述了对象执行的功能,操作也称为方法或服务。

1.对象具有以下特点

①标识唯一性;②分类性;③多态性;④封装性;⑤模块独立性;⑥继承。

2.面向对象方法的优点

①与人类思维方法一致;②稳定性好;③可重用性好;④易于开发大型软件产品;⑤可维护性好。

类:是具有共同属性、共同方法的对象的集合,它是关于对象的抽象描述,并反映了属于该对象类型的所有对象的性质。

【真题演练】

1.在面向对象方法中,不属于"对象"基本特点的是(　　)。

A.一致性　　　B.分类性　　　C.多态性　　　D.标识唯一性

2.面向对象方法中,继承是指(　　)。

A.一组对象所具有的相似性质

B.一个对象具有另一个对象的性质

C.各对象之间的共同性质

D.类之间共享属性和操作的机制

3.下列选项中属于面向对象设计方法主要特征的是(　　)。

A.继承　　　B.自顶向下　　　C.模块化　　　D.逐步求精

4.下列选项中,不是面向对象主要特征的是(　　)。

A.复用　　　B.抽象　　　C.继承　　　D.封装

参考答案:ADAA

03.软件工程基础　　　　　难度系数★★★☆☆

001.软件工程基本概念

软件是包括程序、数据及相关文档的完整集合。

软件的特点

①软件是一种逻辑实体，具有抽象性。

②软件的生产与硬件不同，没有明显的制作过程。

③软件在运行、使用期间不存在磨损、老化问题。

④软件的开发、运行对计算机系统具有依赖性，会给软件移植带来很多问题。

⑤软件复杂性高，成本昂贵，现在软件成本已经大大超过硬件成本。

⑥软件开发涉及诸多的社会因素。

软件按功能可以分为应用软件、系统软件、支撑软件（或工具软件）。

①应用软件是为解决特定领域的应用而开发的软件。

②系统软件是计算机管理自身资源，提高计算机使用效率并服务于其他程序的软件。系统软件例如：操作系统、数据库管理系统、编译程序、汇编程序。

③支撑软件是介于系统软件和应用软件之间，协助用户开发软件的工具性软件。

【真题演练】

1.构成计算机软件的是（　　）。

A.源代码　　　　　　　　B.程序和数据

C.程序和文档　　　　　　D.程序、数据及相关文档

2.计算机软件分系统软件和应用软件两大类，其中系统软件的核心是（　　）。

A.数据库管理系统　　　　B.操作系统

C.程序语言系统　　　　　D.财务管理系统

参考答案：DB

002.软件危机和软件工程

软件危机主要表现在：

①软件需求的增长得不到满足。用户对系统不满意的情况经常发生。

②软件开发成本和进度无法控制。

③软件质量难以保证。

④软件不可维护或维护程度非常低。

⑤软件测试成本不断提高。

⑥软件开发生产率的提高赶不上硬件的发展和应用需求的增长。

可以将软件危机归结为成本、质量、生产率等问题。

软件工程包括三要素：方法、工具和过程。

【真题演练】

1.下面描述中,不属于软件危机表现的是( )。

A.软件过程不规范　　　　　　B.软件开发生产率低

C.软件质量难以控制　　　　　D.软件成本不断提高

2.下面属于软件工程三要素的是( )。

A.方法、工具和过程　　　　　B.方法、工具和平台

C.方法、工具和环境　　　　　D.工具、平台和过程

参考答案：AA

003.软件的生命周期

软件的生命周期从提出、实现、使用维护到停止使用退役的过程。

软件生命周期分为三个阶段：

①软件定义阶段：包括可行性研究制定计划、需求分析。

②软件开发阶段：包括总体设计、详细设计、编码和测试。

③软件维护阶段：在运行中不断维护,根据需求扩充和修改。

【真题演练】

1.软件生命周期是指( )。

A.软件产品从提出、实现、使用维护到停止使用退役的过程

B.软件从需求分析、设计、实现到测试完成的过程

C.软件的开发过程

D.软件的运行维护过程

2.软件生命周期中的活动不包括(　　)。

A.市场调研　　　　　　　　B.需求分析

C.软件测试　　　　　　　　D.软件维护

3.软件生命周期可分为定义阶段、开发阶段和维护阶段,下面不属于开发阶段任务的是(　　)。

A.测试　　　　B.设计　　　　C.可行性研究　D.实现

参考答案:AAC

004.结构化分析方法

1.需求分析及其方法

需求分析阶段的工作主要有 4 个方面:①需求获取;②需求分析;③编写需求规格说明书;④需求评审。

2.结构化分析方法常用工具

①数据流图(DFD);②数据字典(DD);③判定表;④判定树。数据字典是结构化分析方法的核心。

3.数据流图(DFD)

建立数据流图的步骤:由外向里→自顶向下→逐层分解。

表 7-2　数据流图常用元素说明

图形元素	图形元素说明
⬭	加工(转换):输入数据经加工变换产生输出
→	数据流:沿箭头方向传送数据的通道,通常在旁边标注数据流名
—	存储文件(数据源):处理过程中存放各种数据的文件
☐	数据的源点和终点:表示系统和环境的接口,属于系统外的实体

4.数据字典(DD)

数据字典是结构化分析方法的核心。数据字典是对所有与系统相关的数据元素的一个有组织的列表,以及精确的、严格的定义,使得用

户和系统分析员对于输入、输出、存储成分和中间计算结构有共同的理解。

5.判定树

使用自然语言无法清晰准确表达判定条件之间的从属关系、并列关系和选择关系,则使用判定树表。

6.判定表

若完成数据流图中加工的一组动作是由某一组条件取值的组合而引发的,则使用判定表。判定表组成部分:①基本条件;②条件项;③基本动作项;④动作项。

【真题演练】

1.下面描述中错误的是(　　)。

A.系统总体结构图支持软件系统的详细设计

B.软件设计是将软件需求转换为软件表示的过程

C.数据结构与数据库设计是软件设计的任务之一

D.PAD 图是软件详细设计的表示工具

2.下面不能作为结构化方法软件需求分析工具的是(　　)。

A.系统结构图　　　　　　　B.数据字典(D-D)

C.数据流程图(DFD 图)　　　D.判定表

3.在软件开发中,需求分析阶段可以使用的工具是(　　)。

A.N-S 图　　　B.DFD 图　　　C.PAD 图　　　D.程序流程图

参考答案:AAB

005.软件需求规格说明书

1.软件需求规格说明书的作用

①便于用户、开发人员进行理解和交流。

②反映出用户问题的结构,可以作为软件开发工作的基础和依据。

③作为确认测试和验收的依据。

④为成本估算和编制计划进度提供基础。

⑤软件不断改进的基础。

2.软件需求规格说明书的内容

软件需求规格说明应重点描述软件的目标、功能需求、性能需求、外部接口、属性及约束条件等。

3.软件需求规格说明书的特点

①正确性;②无歧义性;③完整性;④可验证性;⑤一致性;⑥可理解性;⑦可修改性;⑧可追踪性。

【真题演练】

1.在软件开发中,需求分析阶段产生的主要文档是(　　)。

A.可行性分析报告　　　　　　B.软件需求规格说明书

C.概要设计说明书　　　　　　D.集成测试计划

2.软件需求规格说明书的作用不包括(　　)。

A.软件验收的依据

B.软件设计的依据

C.用户与开发人员对软件要做什么的共同理解

D .软件可行性研究的依据

3.下面不属于软件需求分析阶段任务的是(　　)。

A.需求配置　　　　　　　　B.需求获取

C.需求分析　　　　　　　　D.需求评审

参考答案:BDA

006.结构化设计方法

1.技术角度

软件设计包括软件结构设计、数据设计、接口设计、过程设计 4 个要点。

2.工程管理角度

软件设计分为概要设计(结构设计)和详细设计两部分。

3.软件设计的基本原理

软件设计应遵循软件工程的基本原理,主要包括抽象、逐步求精(模块化)、信息屏蔽(局部化)、模块独立性 4 个方面。

①耦合性:用于衡量不同模块相互连接的紧密程度。

②内聚性:用于衡量一个模块内部各个元素间彼此结合的紧密程度。

好的软件设计应做到高内聚、低耦合。

【真题演练】

1.软件设计一般划分为两个阶段,两个阶段依次是( )。

A.总体设计(概要设计)和详细设计 　B.算法设计和数据设计

C.界面设计和结构设计 　　　　　　　D.数据设计和接口设计

2.软件设计中划分模块的一个准则是( )。

A.低内聚低耦合 　　　　　　　　　B.高内聚低耦合

C.低内聚高耦合 　　　　　　　　　D.高内聚高耦合

参考答案:AB

007.程序结构图模块之间的调用关系

程序结构图反映整个系统的模块划分及模块之间的调用关系。

矩形表示模块,箭头表示模块间调用关系。

深度:结构图的层数。

宽度:结构图的整体跨度(拥有最多模块的层的模块数)。

扇入:调用某个模块的模块个数(模块头顶的线条数)。

扇出:模块直接调用其他模块的个数(模块下面的线条数)。

【真题演练】

某系统总体结构如下图所示。

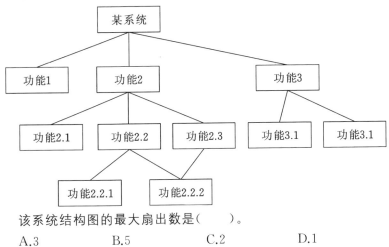

该系统结构图的最大扇出数是( )。

A.3 　　　　　　　B.5 　　　　　　　C.2 　　　　　　　D.1

参考答案:A

008.面向数据流的结构化设计方法

1.设计的准则

①提高模块的独立性。

②模块规模、深度、宽度、输入和输出都应适中。

③模块的作用域在控制域之内。

④降低模块接口和界面的复杂程度。

⑤模块设计为单入口、单出口。

⑥模块功能可以预测。

2.程序流程图

程序流程图又称程序框图,它表达直观、结构清晰并易于掌握。根据结论化程序设计的要求,程序流程图构成的控制结构有顺序结构、选择结构、多分支选择型结构、先判断重复型结构、后判断重复型结构。

3.N-S 图

N-S 图又称为盒图,它避免了流程图在描述程序逻辑时的随意性与灵活性。

4.PAD 图

PAD 图结构清晰,容易阅读,是一种支持结构化算法的图形表达工具。PAD 图的程序执行过程:从 PAD 图最左主干线上端结点起,自上而下,自左向右依次执行,并于最左主干线终止程序。

【真题演练】

1.软件详细设计生产的图如下:该图是( )。

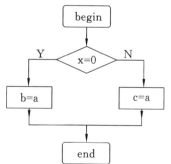

A.N-S 图　　　　　　　　B.PAD 图

C.程序流程图　　　　　　D.E-R 图

参考答案:C

009.软件测试

软件测试是用于评价系统或构件的某些方面,以评估是否满足目标需求软件测试的,目的是为了发现软件中的错误。

1.测试方法

根据是否需要运行被测软件:静态测试,动态测试。

根据是否考虑软件内部逻辑结构:白盒测试,黑盒测试。

①白盒测试:逻辑覆盖测试(判定—条件覆盖),基本路径测试。

②黑盒测试:等价类划分法,边界值分析法,错误推测法。

2.软件测试的实施

软件测试的过程一般按 4 个步骤依次进行:①单元测试;②集成测试;③验收测试(确认测试);④系统测试。

【真题演练】

1.下面叙述中错误的是(　　　)。

A.软件测试的目的是发现错误并改正错误

B.对被调试的程序进行"错误定位"是程序调试的必要步骤

C.程序调试通常也称为 Debug

D.软件测试应严格执行测试计划,排除测试的随意性

2.软件测试的目的是(　　　)。

A.评估软件可靠性　　　　　B.发现并改正程序中的错误

C.改正程序中的错误　　　　D.发现程序中的错误

3.下面不属于软件测试实施步骤的是(　　　)。

A.集成测试　　　　　　　　B.回归测试

C.确认测试　　　　　　　　D.单元测试

4.下面属于白盒测试方法的是(　　　)。

A.等价类划分法　　　　　　B.逻辑覆盖

C.边界值分析法　　　　　　D.错误推测法

5.在黑盒测试方法中,设计测试用例的主要根据是(　　　)。

A.程序内部逻辑　　　　　　　B.程序外部功能

C.程序数据结构　　　　　　　D.程序流程图

参考答案:ADBBB

010.程序调试

软件测试是尽可能多地发现软件中的错误,而不负责修改。调试是在发现错误之后排除错误的过程。

04.数据库设计基础　　　难度系数★★★★★

001.数据库系统的基本

1.数据库的基本名词

①数据;②数据库;③数据库管理系统;④数据库管理员;⑤数据库系统;⑥数据库应用系统。

数据库系统(DBS)包含数据库(DB)和数据库管理系统图(DBMS),而数据库管理系统(DBMS)是数据库系统的核心。

数据库应用系统是数据库系统进行应用开发的结果,它由数据库、数据库管理系统、数据库管理员、硬件平台、软件平台、应用软件、应用界面构成。

2.数据库系统的发展

①人工管理阶段:是人为的管理数据,效率低且不能提供完整、统一的管理和数据共享。

②文件系统阶段:文件系统阶段是数据库系统发展的初级阶段,能够简单地共享数据并管理数据,但不能提供完整、统一的管理和数据共享。

③数据库系统阶段:数据库系统阶段中占据主导地位的是关系数据库系统,其结构简单、方便使用、逻辑性强。

数据库系统的特点:集成性、高共享性和低冗余性、独立性和统一管理和控制。

3.数据库系统的内部结构体系

(1)数据库字体的三级模式结构

数据库系统在其内部分为三级模式,即概念模式、内模式和外模式。一个数据库只有一个概念模式和一个内模式,但有多个外模式。

(2)数据库系统的两级映射

数据库系统在三级模式之间提供了两级映射:外模式/概念模式的映射和概念模式/内模式的映射。两级映射提高了数据库中数据的逻辑独立性和物理独立性。

①外模式/概念模式的映射。

②概念模式/内模式的映射。

【真题演练】

1.数据库管理系统是(　　)。

A.操作系统的一部分

B.在操作系统支持下的系统软件

C.一种编译系统

D.一种操作系统

2.数据库应用系统中的核心问题是(　　)。

A.数据库设计　　　　　　　　B.数据库系统设计

C.数据库维护　　　　　　　　D 数据库管理员培训

3.在数据管理技术发展的三个阶段中,数据共享最好的是(　　)。

A.人工管理阶段　　　　　　　B.文件系统阶段

C.数据库系统阶段　　　　　　D.三个阶段相同

4.下面描述中不属于数据库系统特点的是(　　)。

A.数据共享　　　　　　　　　B.数据完整性

C.数据冗余度高　　　　　　　D.数据独立性高

5.数据库系统的三级模式不包括(　　)。

A.概念模式　　　　　　　　　B.内模式

C.外模式　　　　　　　　　　D.数据模式

参考答案:BACCD

002.关系型数据库及相关概念

关系型数据库由一张张二维表组成。

记录(元组):二维表中的每一行称为一条记录(不允许有完全相同的记录存在)。

字段(属性):二维表中的每一列称为一个字段。

关系(二维表):一张二维表在关系数据库中称为一个关系。

关系模式(RS):对一张二维表的行定义,称为关系模式(即表头部分)。

关系模式的格式为:关系名(属性 1,属性 2,……,属性 n)。

码(候选码,主码,key)。

候选码(候选键,候选关键字):能唯一确定某行数据的列(比如学号,身份证号等不重复的值)。

主码(主键,主关键字,简称码,键,关键字,key):从多个候选码中,选出一个实际使用的,称为主码,主码也可由多列组成,比如"(学号,课号)"。

全码:极端情况下,所有列共同组合成主码,称全码(表必须有主码)。

外码(外关键字):某列在该表中不是主码,但在其他某张表中是主码,则称该列是该表的外码。

【真题演练】

在关系 A(S,SN,D)和 B(D,CN,NM)中,A 的主关键字是 S,B 的主关键字是 D,则 D 是 A 的(　　　)。

A.候选键(码)　　　　　　　　B.主键(码)

C.外键(码)　　　　　　　　　D.属性

参考答案:C

003.数据模型

数据模型是数据特征的抽象,它将复杂的现实世界要求反映到计算机数据库中的物理世界。

1.数据模型的 3 要素

①数据结构;②数据操作;③数据约束。

2.数据模型的类型

①概念数据模型;②逻辑数据模型;③物理数据模型。

3.E-R 模型

①E-R 模型概念的图形表示及含义

表 7-3 E-R 数据模型概念

E-R 模型概念	图形表示	含义
实体	▭	客观存在且能够相互区别的事物
联系	◇	实体之间的对应关系,反映现实世界事物之间的联系
属性	⬭	用来描述实体的特征

②实体集间的联系

现实世界是实体联系的整体,实体集间联系的个数可以是单个,也可以是多个。

a)一对一联系(1:1):一个学校只有一个校长,一个校长是属于一个学校。

b)一对多联系(1:n):一个班级有多个学生,多个学生属于一个班级。

c)多对多联系(n:m):一个班级有多个老师,每个老师在多个班级上课。

4.层次模型

层次模型是用树形结构表示实体及其之间联系的模型。在层次模型中,结点是实体,数枝是联系,从上到下是以少对多的关系。

5.网状模型

用网状结构表示实体及其之间联系的模型称为网状模型。

6.关系模型

关系模型是常用的数据模型之一,它是建立在关系上的数据操作,常用的关系操作有查询、删除、插入和修改 4 种。

关系模型的 3 种数据约束:①实体完整性约束(主键不能为空或者重复);②参照完整性约束;③定义完整性约束。

【真题演练】

1.数据库概念设计阶段得到的结果是(   )。

A.E-R 模型　　　　　　　B.数据字典

C.关系模型　　　　　　　D.物理模型

2.E-R 图中用来表示实体的图形是(　　　)。

A.矩形　　　B.三角形　　　C.菱形　　　D.椭圆形

3.在进行逻辑设计时,将 E-R 图中实体之间联系转换为关系数据库的(　　　)。

A.关系　　　B.元组　　　C.属性　　　D.属性的值域

4.一间宿舍可住多个学生,则实体宿舍和学生之间的联系是(　　　)。

A.一对一　　　B.一对多　　　C.多对一　　　D.多对多

5.用树型结构表示实体之间联系的模型是(　　　)。

A.关系模型　　　　　　　B.层次模型

C.网状模型　　　　　　　D.运算模型

参考答案:AAABB

004.关系代数

关系代数是表与表之间的运算,就是关系与关系之间的运算(运算的对象和结果都是关系)。

1.传统集合运算

①差(R-S):由属于 R 但不属于 S 的行组成,(R 与 S 的列数相同,各列数据类型也一致)。

②并(R∪S):由属于 R 和 S 的记录,合并成新表,且去掉重复的行(R 与 S 的列数相同,各列数据类型也一致)。

③交(R∩S):R 和 S 中相同的记录组成新表。R∩S=R-(R-S)(R 与 S 的列数相同,各列数据类型也一致)。

④笛卡尔积(R×S):R 中的每一行分别与 S 中的每一行,两两组合的结果。

结果表的行数是 R 与 S 的行数的乘积;列数是 R 与 S 的总和。

2.特有运算

①投影(π):筛选表中的一部分列的内容(但全部行),投影操作记为 π。

②选择(σ):筛选表中的一部分行的内容(但全部列),选择操作记为σ。

③除法(÷):是笛卡尔积的逆运算。当 S×T＝R 时,必有 R÷S＝T,T 称为 R 除以 S 的商列。

④连接和自然连接:连接运算也称 θ 连接,是对两个关系进行的运算,从两个关系的笛卡尔积中选择满足给定属性间一定条件的那些元组。

设有 m 元关系 R 和 n 元关系 S,R 和 S 两个关系的连接运算用如下公式表示。

$$R\infty S=\sigma\_A\theta B(R\times S)$$

其中,A 和 B 分别为 R 和 S 上度数相等且可比的属性组。连接运算从关系 R 和关系 S 的笛卡尔积 R×S 中,找出关系 R 在属性组 A 上的值与关系 S 在属性组 B 上的值满足 θ 关系的所有元组。

当 θ 为"＝"时,称为等值连接。

当 θ 为"＜"时,称为小于连接。

当 θ 为"＞"时,称为大于连接。

自然连接是连接中的一个特例,连接的两个关系通过相同的属性的比较,进行等值连接,相当于 θ 恒为"＝",且在结构中把重复的属性列去掉,表达式记作 R∞S。

【真题演练】

1.有两个关系 R,S 如下:

由关系 R 通过运算得到关系 S,则所使用的运算为(　　　)。

R

A	B	C
a	3	2
b	0	1
c	2	1

S

A	B
a	3
b	0
c	2

A.选择　　　　B.投影　　　　C.插入　　　　D.连接

2.有三个关系 R、S 和 T 如下：

	R				S				T	
A	B	C		A	B	C		A	B	C
a	1	2		d	3	2		a	1	2
b	2	1						b	2	1
c	3	1						c	3	1
								d	3	2

则关系 T 是由关系 R 和 S 通过某种操作得到,该操作为(　　)。

A.选择　　　　　B.投影　　　　　C.交　　　　　D.并

3.有三个关系 R、S 和 T 如下：

	R				S				T	
B	C	D		B	C	D				
a	0	k1		f	3	h2		B	C	D
b	1	n1		a	0	k1		a	0	k1
				n	2	x1				

由关系 R 和 S 通过运算得到关系 T,则所使用的运算为(　　)。

A.并　　　　　B.自然连接　　　　　C.笛卡尔积　　　　　D.交

4.由关系 R1 和 R2 得到关系 R3 的操作是(　　)。

R1

A	B	C
A	1	X
C	2	Y
D	1	y

R2

D	E	M
1	M	I
2	N	J
5	M	K

R3

A	B	C	E	M
A	1	X	M	I
C	2	Y	N	J
D	1	y	M	K

A.等值连接　　　　　B.并　　　　　C.笛卡尔积　　　　　D.交

参考答案:BDDA

005.数据库设计与管理

1.数据库设计与管理

数据库设计通常采用生命周期法,生命周期法将数据库应用系统的开发分解为需求分析阶段、概念设计阶段、逻辑设计阶段和物理设计阶段,并以数据结构与模型的设计为主线。

2.数据库设计需求分析

需求分析的方法主要有结构化分析方法和面对对象分析方法。SA 方法采用自顶向下、逐步分解的方式分析系统,其常用工具是数据流图和数据字典。

(1)数据流图:用来表达数据和处理过程的关系,通过详细的数据收集和数据分析后得到数据字典,用于描述系统中的各类数据。

(2)数据字典:包括数据项、数据结构、数据流、数据存储和处理过程 5 个部分。

3.数据库概念设计

E-R 方法是概念设计常用的方法,具体步骤如下。

①选择局部应用;②视图设计;③视图集成。

4.数据库的逻辑设计

数据库的逻辑设计主要工作是将 E-R 图转换成指定 RDBMS 中的关系模式。

5.数据库的物理设计

数据库物理设计的主要目标是对数据库内部物理结构作调整并选择合理的存取路径,以提高数据库访问速度及有效利用存储空间。

6.数据库设计规范

规范化的目的是使关系结构更合理,消除存储异常,使数据冗余更小,便于插入、删除和更新操作等。

在关系型数据库中设计表要满足一定条件,满足不同程度的要求称为不同的范式。

①1NF:第 1 范式,满足最低要求[每个列(每个属性)都是不可分割的]。

②2NF：第 2 范式，在满足第一范式要求的基础上，进一步满足更多要求（在第一范式的基础上，消除非主属性对主属性的部分依赖）。

③3NF：第 3 范式，在满足第二范式要求的基础上，进一步满足更多要求（在第二范式的基础上，消除非主属性对主属性的传递依赖）。

④BCNF 范式：第三范式只排除了"非主属性"的传递依赖，但没排除"主属性"的传递依赖。

主属性：如果某个属性（某列）是属于某个候选键中的属性，则称为主属性，否则称为非主属性。

【真题演练】

1.数据库设计中反映用户对数据要求的模式是（　　　）。

A.内模式　　　　　　　　　　B.概念模式

C.外模式　　　　　　　　　　D.设计模式

2.下列关于数据库设计的叙述中，正确的是（　　　）。

A.在需求分析阶段建立数据字典

B.在概念设计阶段建立数据字典

C.在逻辑设计阶段建立数据字典

D.在物理设计阶段建立数据字典

3.数据库设计过程不包括（　　　）。

A.概念设计　　　　　　　　　B.逻辑设计

C.物理设计　　　　　　　　　D.算法设计

4.定义学生、教师和课程的关系模式：S（S♯，Sn，Sd，SA）（属性分别为学号、姓名、所在系、年龄）；C（C♯，Cn，P♯）（属性分别为课程号、课程名、先修课）；SC（S♯，C♯，G）（属性分别为学号、课程号和成绩）。则该关系为（　　　）。

A.第三范式　　　　　　　　　B.第一范式

C.第二范式　　　　　　　　　D.BCNF 范式

参考答案：CADA

第8章 选择题专题（WPS基础篇）

由于 WPS Office 基础的选择题考点与前面知识点讲解重复,本篇不再重复说明知识点,只精选部分有代表性的真题。

01.WPS 文字基础　　　　难度系数★★★☆☆

1.在 WPS 文字中为所选单元格设置斜线表头,最优的操作方法是（　　）。

 A.插入线条形状　　　　　　B.自定义边框

 C.绘制斜线表头　　　　　　D.拆分单元格

2.小王在 WPS 文字中编辑一篇摘自互联网的文章,他需要将文档每行后面的手动换行符全部删除,最优的操作方法是（　　）。

 A.在每行的结尾处,逐个手动删除

 B.长按 Ctrl 键依次选中所有手动换行符后,再按 Delete 键删除

 C.通过查找和替换功能删除

 D.通过文字工具删除换行符

3.在 WPS 文字的功能区中,不包含的选项卡是（　　）。

 A.审阅　　　　　　　　　　B.邮件

 C.章节　　　　　　　　　　D.引用

4.使用 WPS 文字撰写包含若干章节的长篇论文时,若要使各章内容自动从新的页面开始,最优的操作方法是（　　）。

 A.在每章结尾处连续按回车键使插入点定位到新的页面

 B.在每章结尾处插入一个分页符

 C.依次将每章标题的段落格式设为"段前分页"

 D.将每章标题指定为标题样式,并将样式的段落格式修改为"段前分页"

5.在 WPS 文字中,关于尾注说法错误的是（　　）。

A.尾注可以插入到文档的结尾处

B.尾注可以插入到节的结尾处

C.尾注可以插入到页脚中

D.尾注可以转换为脚注

6.在 WPS 文字中,不可以将文档直接输出为(　　　)。

A.PDF 文件　　　　　　　　　　B.图片

C.电子邮件正文　　　　　　　　D.扩展名为.PPTX 的文件

参考答案:CDBDCC

02.WPS 表格基础　　　　　难度系数★★★☆☆

1.高一各班的成绩分别保存在独立的工作簿中,老师需要将这些数据合并到一个工作簿中统一管理,最优的操作方法是(　　　)。

A.使用复制、粘贴命令

B.使用移动或复制工作表功能

C.使用合并表格功能

D.使用插入对象功能

2.在 WPS 表格中,若要在一个单元格输入两行数据,最优的操作方法是(　　　)。

A.将单元格设置为"自动换行",并适当调整列宽

B.输入第一行数据后,直接按 Enter 键换行

C.输入第一行数据后,按 Shift＋Enter 组合键换行

D.输入第一行数据后,按 Alt＋Enter 组合键换行

3.在 WPS 表格中,需要展示公司各部门的销售额占比情况,比较适合的图表是(　　　)。

A.柱形图　　　　　　　　　　　B.条形图

C.饼图　　　　　　　　　　　　D.雷达图

4.在 WPS 表格中,公司的"报价单"工作表使用公式引用了商业数据,发送给客户时需要仅呈现计算结果而不保留公式细节,错误的做法是(　　　)。

A.通过工作表标签右键菜单的"移动或复制工作表"命令,将"报价

单"工作表复制到一个新的文件中

B.将"报价单"工作表输出为 PDF 格式文件

C.复制原文件中的计算结果,以"粘贴为数值"的方式,把结果粘贴到空白报价单中

D.将"报价单"工作表输出为图片

5.WPS 表格的工作表 C 列保存了 11 位手机号码信息,为保护个人隐私,需将手机号码的后 4 位均用 * 表示。以 C3 单元格为例,可以实现的公式是(　　　)。

A.＝MID(C3,7,4," * * * * ")

B.＝MID(C3,8,4," * * * * ")

C.＝REPLACE(C3,7,4," * * * * ")

D.＝REPLACE(C3,8,4," * * * * ")

6.以下公式中,错误的是(　　　)。

A.＝AVERAGE(B3:3E) * F3

B.＝AVERAGE(B3:E3) * ＄F＄3

C.＝AVERAGE(B3:E3) * F＄3

D.＝AVERAGE(B3:＄E3) * F3

参考答案:CDCADA

03.WPS 演示基础　　　　　难度系数★★★☆☆

1.在 WPS 演示中,需要将所有幻灯片中设置为"宋体"的文字全部修改为"微软雅黑",最优的操作方式是(　　　)。

A.通过"替换字体"功能,将"宋体"批量替换为"微软雅黑"

B.在幻灯片中逐个找到设置为"宋体"的文本,并通过"字体"对话框将字体修改为"微软雅黑"

C.将"主题字体"设置为"微软雅黑"

D.在幻灯片母版中通过"字体"对话框,将标题和正文占位符中的字体修改为"微软雅黑"

2.在 WPS 演示中,关于幻灯片浏览视图的用途,描述正确的是(　　　)。

A.对幻灯片的内容进行编辑修改及格式调整

B.对所有幻灯片进行整理编排或顺序调整

C.对幻灯片的内容进行动画设计

D.观看幻灯片的播放效果

3.在 WPS 演示中,不支持插入的对象是(　　　)。

A.图片　　　　　　　　　　　　B.视频

C.音频　　　　　　　　　　　　D.书签

4.WPS 不支持的操作是(　　　)。

A.屏幕录制　　　　　　　　　　B.图片转文字

C.PDF 转视频　　　　　　　　　D.PDF 转图片

参考答案:ABDC